見てわかる
量子論入門
ショートストーリー200

QUANTUM PHYSICS IN MINUTES
The inner workings of our universe explained in an instant

ジェマ・ラベンダー【著】伊藤郁夫・日野雅之【訳】

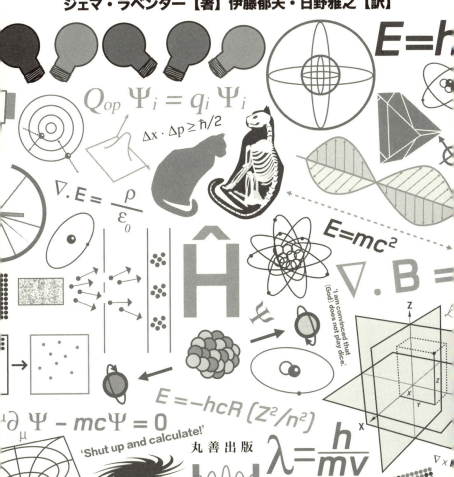

丸善出版

QUANTUM PHYSICS
IN MINUTES

by

Gemma Lavender

First published in Great Britain as Quantum Physics in Minutes by Quercus
Editions Limited in 2017

Copyright © 2017 by Quercus Editions Limited
All rights reserved.
Japanese translation published by arrangement with Quercus Editions
Limited through The English Agency (Japan) Ltd.

Japanese language edition published by Maruzen Publishing Co., Ltd.,
Copyright © 2025.

は じ め に

　量子物理学の世界は驚きに満ちています．たとえば原子を構成する粒子は次のような不思議な振る舞いをします．ある場所にいた粒子は突然に消えて別の場所に現れるのです．宇宙の反対側にいる2個の粒子の間で，あたかも瞬時に情報が交換されているかのようです．また，宇宙のエネルギーを「ちょっと拝借する」仮想粒子なるものが，実粒子と相互作用してさまざまな基本的な力が生み出されます．その力のうちで，原子や分子を結びつける力は，身の回りの物質をかたちづくるのに役立っています．これらすべて，初めて聞く人にとってはまるで手品のようにみえるのです．

　量子物理学は，先端的な物理であり，そのため科学者によっては，考え方や解釈が異なります．ただ共通の理解が一つあり，それは，微視的な世界では確率が支配しているということです．神様がサイコロで遊んでいるかのようです．位置や運動量など粒子の基本性質が確率に支配されるのです．

　確率的な性質は，量子物理学の本質的な特徴です．ある科学者にとっては，それはあらゆる可能性が起こりうる並行宇宙やマルチバースを意味しています．数学的にはマルチバースが確かに存在しうるにも関わらず，その「多世界解釈」の正当性を示す直接の証拠がいまだ見つかっていません．

　量子物理学の本質の解釈について今もなお議論がやまないにもかかわらず，無数の分野でしっかりと応用されています．コンピュータや電話，テレビ，タブレット端末に応用されている電子工学の技術は量子物理学なくしてはありえません．レーザーは原子の量子化されたエネルギー準位の応用です．医学のMRI画像技術は体内で起こっている量子力学的な反応を用いています．量子物理学の原理を応用した量子コンピュータは古典的なコンピュータに比べて計算の高速化が期待できます．量子物理学は究極の「万物の理論」へ向かうための段階の一つでもあり，ビッグバンの起源や宇宙の大規模構造の問題にも光を投じていま

す．さらに科学者は人間の意識でさえも本来は量子力学的であるという議論をしているのです．

　量子論は科学であって，決して魔法などではありません．それでも，量子論が可能にしたことを見ると確かに魔法のようでもあります．量子論を理解しようとするうち，きっと自然と実在がおりなす世界について考えを深めていることに気付くでしょう．

ジェマ・ラベンダー

目　　次

1　量子物理学の誕生　1

1 量子物理学とは何か　2 光は波なのか？　3 光は粒子なのか？
4 光の二重スリット実験　5 マイケルソン＝モーリーの実験
6 電磁気学　7 マクスウェルの方程式　8 熱力学とエントロピー
9 黒体　10 古典放射則の破綻　11 量子　12 電子の発見
13 光電効果　14 アインシュタインの光子理論　15 コンプトン散乱
16 波動・粒子の二重性　17 電子回折　18 ラザフォードの原子模型
19 ボーアの原子模型　20 量子力学における原子　21 相対性理論
22 質量とエネルギーの等価性　23 ソルベー会議
24 コペンハーゲン解釈 I

2　エネルギー準位とスペクトル線　25

25 分光学　26 原子構造　27 電子殻　28 量子数
29 電子のエネルギー準位　30 エネルギー準位の計算　31 基底状態
32 副電子殻　33 エネルギー準位の縮退　34 フントの規則
35 パウリの排他原理　36 フラウンホーファー線　37 輝線
38 エネルギーと運動量の保存則　39 禁制遷移　40 ゼーマン効果

3　素粒子物理学　41

41 粒子の動物園　42 標準模型　43 クォーク　44 ハドロン
45 レプトン　46 ダークマター　47 電荷　48 角運動量
49 カイラリティとパリティ　50 磁気モーメント
51 スピン軌道相互作用　52 フェルミオン／フェルミ粒子
53 ボソン／ボース粒子　54 ボース＝アインシュタイン凝縮
55 大型ハドロン衝突型加速器　56 LHC による発見
57 ヒッグスボソン　58 電磁気力　59 強い力　60 弱い力　61 放射能
62 アルファ崩壊　63 ベータ崩壊　64 ガンマ崩壊　65 仮想粒子
66 ラムシフト　67 真空のエネルギー

iii

4 波動関数 68

[68] 波動＝粒子の世界　[69] 確率と波動関数　[70] コペンハーゲン解釈Ⅱ
[71] 量子的確率　[72] ボルンの規則　[73] 量子状態　[74] 重ね合わせ
[75] シュレーディンガーの波動方程式　[76] 調和振動子
[77] 特殊相対性理論　[78] クライン＝ゴルドン方程式
[79] ディラック方程式　[80] 反物質　[81] クーロン障壁
[82] 量子トンネル効果　[83] ハイゼンベルクの不確定性原理
[84] 不確定性原理の実際　[85] 量子デコヒーレンス
[86] シュレーディンガーの猫　[87] シュレーディンガーの猫の検証
[88] 相補性

5 量子物理学の用語 89

[89] 量子物理学と数学　[90] 行列とは何か　[91] 行列力学　[92] 波動力学
[93] ヒルベルト空間　[94] 変換理論　[95] 量子演算子
[96] ハミルトニアン演算子　[97] 経路積分
[98] ファインマン・ダイアグラム　[99] 固有関数　[100] 対応原理
[101] 量子論と古典論の境界　[102] 摂動論

6 量子物理学と宇宙 103

[103] 宇宙　[104] ビッグバン　[105] 量子ゆらぎ
[106] 宇宙マイクロ波背景放射　[107] 銀河の誕生　[108] 宇宙の地平線問題
[109] インフレーション　[110] 永久インフレーション　[111] 膨張する宇宙
[112] 加速膨張宇宙　[113] ダークエネルギー　[114] 星の最期　[115] 中性子星
[116] クォーク星　[117] ブラックホール　[118] ホーキング放射
[119] 陽子崩壊　[120] 真空の崩壊　[121] 宇宙の運命　[122] ビッグバン前史

7 万物の理論 123

[123] 万物の理論　[124] 量子場の理論　[125] 対称性　[126] 量子電磁力学
[127] 量子色力学　[128] 電弱理論　[129] 量子重力理論　[130] ループ量子重力
[131] 超弦理論　[132] プランク期　[133] 対称性の破れ　[134] 超対称性
[135] 高次元理論　[136] カラビ＝ヤウ空間　[137] ブレーン理論
[138] AdS/CFT 対応　[139] 最良の理論は？

8 マルチバース 140

[140] 多世界解釈　[141] マルチバースのレベル
[142] インフレーションマルチバース　[143] 収縮しない波動関数

[144] 多世界マルチバース　[145] 量子不死　[146] 多世界解釈は検証可能か？
[147] サイクリック宇宙論　[148] 人間原理

9　不気味な宇宙　149

[149] さいころ遊び　[150] 量子もつれと EPR パラドックス
[151] 隠れた変数とベル不等式　[152] 因果律に反する　[153] 決定論
[154] 光よりも速い？　[155] 量子テレポーテーション
[156] テレポーテーションの実験　[157] 量子時間　[158] 逆向きの時間
[159] ボルツマンの脳

10　量子論の応用　160

[160] 量子力学の応用　[161] レーザー　[162] 走査型トンネル顕微鏡
[163] 磁気共鳴画像法　[164] エレクトロニクス　[165] フラッシュメモリー
[166] LED　[167] 原子時計　[168] 量子暗号　[169] 電気通信　[170] 放射年代測定
[171] 量子ドット　[172] 超流動　[173] 超伝導　[174] 量子化学

11　量子生物学　175

[175] 量子生物学　[176] 生物コンパス　[177] 光合成　[178] 量子視覚
[179] 量子意識　[180] 量子意識への反論　[181] 自由意志はない？

12　量子コンピュータ　182

[182] 量子計算　[183] 量子ビット　[184] 量子コンピュータの種類
[185] デコヒーレンスの問題　[186] 量子ビットの制御　[187] 量子論理ゲート
[188] 量子アルゴリズム　[189] 量子誤り訂正　[190] 量子シミュレーション
[191] 量子コンピュータの構築

13　量子物理学の未来　192

[192] 未来への挑戦　[193] 観測者の役目　[194] 客観的収縮理論
[195] 初期宇宙　[196] 情報は失われるか？　[197] 光速は変動するか？
[198] 究極条件での物質　[199] 超弦理論に代わるもの
[200] コペンハーゲン解釈は正しいのか？

用語解説　201
訳　注　203
訳者による参考文献紹介　206
訳者あとがき　208
索　引　210

1 量子物理学の誕生

① 量子物理学とは何か

　量子物理学は10億分の1mより小さなサイズの世界，たとえば原子やその構成粒子の世界を扱います．これほど小さな規模では，粒子のもつ性質は「量子化」され，連続的な量ではなく不連続な値をとります．もちろん，微視的な世界で見られる性質を，日常的な常識で想像するのは難しく，たとえば，電子のように物理的な大きさのない粒子や，質量をもたない粒子も存在します．最も奇妙なことは，粒子は波のように振る舞い，波は粒子のように振る舞うことでしょう．この当惑的な事実は，じつは量子物理学の核心であり，すべてはここから帰結するのです．

　科学者がこの奇妙な考えを受け入れるには長い年月を要しましたが，それだけに革新的な量子論が現代科学に与えた影響はとても深いものでした．しかし，実は量子論の発見に至るには何世紀もの長い議論がその根底にあったのです．つまり，光は粒子か波かという議論です．

'Anyone who is not shocked by quantum theory has not understood it.'

Attributed to Niels Bohr

「量子論に衝撃を受けないということは，量子論を理解していないということだ」
ニールス・ボーア

2 光は波なのか？

　量子論は，光の粒子性と波動性についての長く激しい論争の末に生まれました．この疑問は 17 世紀における重要な課題でした．1678 年にオランダの科学者クリスティアーン・ホイヘンスによって，光の波動説が広まりました（もともとは哲学者ルネ・デカルトによる考え方に基礎を置いたものでした）．

　波が伝わるには，海の波や空気中の音波など，すべて媒質を要します．しかし，光は真空の宇宙空間を伝播することから，媒質は空気でないことは明らかでした．それでも太陽や恒星からの光を見ることができるのです．この矛盾を回避するために，ホイヘンスは「エーテル」とよばれる媒質を仮定しました．しかし，ホイヘンスは，エーテルは重さがなく，目に見えず，いたるところに存在するということの他に，エーテルの本質を説明しませんでした．それに対して，アイザック・ニュートンに代表される多くの科学者は，ホイヘンスの波動論に理解を示さず，光は波ではなく粒子だという考えに至ったのでした．

水の波の動く様子を調べると，回折などの一般的な波の振る舞いを見ることができ，光の波の振る舞いもわかります

平行波が狭いスリットを通る回折現象　　　　２つの回折波の干渉

3 光は粒子なのか？

　当時大きな影響力をもっていたイギリスの物理学者アイザック・ニュートンは離散粒子（corpuscle）という光のモデルを提案しました．ニュートンは光が鏡で反射する様子に注目し，光が波であれば直線に沿って進むことはなく広がっていくのに対して，粒子だからこそ直進するというのです．さらに，ニュートンは光の屈折（光が水のような媒質に入射するとき進路が折れ曲がる現象）を，光が媒質に入射するとき媒質から粒子が引力を受けて加速される効果として説明しました．さらに，晴れた戸外での太陽光による影の境界がはっきりしていることも粒子の性質であり，光が波であれば境界はぼやけるはずだと考えました．

　ニュートンの粒子説は有力なモデルとなりましたが，すべての人に受け入れられたわけではなく，ニュートンのライバルであったロバート・フックはなお波動論の推進者でした．そして，ニュートンの没後74年を経て，1801年に発表された光の二重スリット実験は，粒子説への決定的な反証だとみなされました．

ニュートンがプリズムによる光の屈折を粒子説から説明したのはじつは誤りでした．ところで，ニュートンはプリズムを通った白色光が多くの色の光に分解する現象を発見したのですが，それがきっかけとなって分光学の分野が開かれることになりました

④ 光の二重スリット実験

　ニュートンによる光の粒子説は一旦支持を勝ちとりました．しかし波動説への支持も続いていて，19世紀のはじめにイギリスのトマス・ヤングがニュートンの粒子説への反証となる実験を行ったのです．有名なこの実験は今日まで高校生の授業でも繰り返されています．

　ヤングの実験では，太陽光を板に開けた2本の細いスリットを通して，その先のスクリーンに映します．光はスリットで回折して2つの放射状の模様を作りながら進行し，そのパターンは途中で重なり合います．一方の波の谷底部分が他方のピーク部分と重なった場所ではプラスとマイナスで波が消えて見えます．その消えたいくつもの部分がスクリーンに達すると暗い部分の縞模様つまり「干渉縞」が現れます．干渉の性質をもつのは波だけであることからヤングは光が波であると結論づけました．

　ヤングは太陽光の分光による様々な色の干渉縞を調べることによってそれぞれの色の光の波長を計算することにも成功しました．

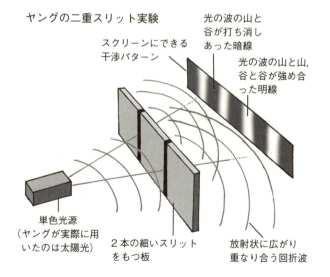

5 マイケルソン＝モーリーの実験

　トマス・ヤングが光の波動性を示したことは，光が伝播する媒質，つまりホイヘンスが提案したエーテル（2参照）の存在を示唆しています．19世紀の科学者たちはその発見に力を尽くしていました．1887年アメリカの物理学者アルバート・マイケルソンとエドワード・モーリーはこの問題を解決しようと，巧妙で高精度な実験を企画しました．

　理論的にエーテルは静止しているので，地球の運動方向の光の速度は，垂直方向の速度とは異るはずです．マイケルソンとモーリーは光の干渉装置を作り，同じ光源からの光の反射を利用して，直進して往復する光と，それに垂直の方向で往復する光の干渉を調べました．2つの経路で光路差の違いから干渉縞が生じました．次に，装置を90度回転させて2つの光路の時間差を変化させると干渉縞が移動するはずだと考えました．しかし，干渉縞の移動は見られませんでした．これは，光速はすべての方向で一定であることを示唆しています．結局エーテルは存在しないという結果になったのです．そして，伝播する媒質が存在しないにもかかわらず光は波だと言えるのかどうか，という問題が生じました．

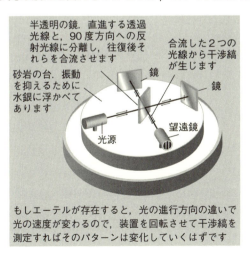

1　量子物理学の誕生　　5

6 電磁気学

　光が波だとすれば,「波の大もとは一体何なのか」という疑問が生じます. その答えは, 光とは無関係のようですが, 電磁気学にあります.
　1831 年, マイケル・ファラデーは電磁誘導を発見しました. 磁石と針金の閉回路があり, 磁石や閉回路を動かすと, 閉回路に電流が流れる現象です（図1）. 交流発電機はこの実験が基礎になってつくられました. 図2には電流の周りにできる誘導磁場を示します.
　これらの原理は, 1865 年にジェームズ・クラーク・マクスウェルが電場と磁場の理論を発表するまで解明されていませんでした. それは, 電場と磁場★が互いに絡み合い振動しながら電磁波という波動として空間を伝播する様子を理論化したものです. マクスウェルの発見で重要なことは, 電磁波は真空中を自由に進行し, 光速と同じ 29 万 9800 km 毎秒の速さで伝播することでした.
　このことと, エーテルの存在が否定されたことを考え合わせると, 光は電磁波の一種と考えるのが自然です.

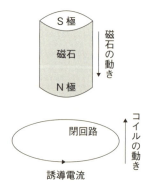

図1　ファラデーの電磁誘導とは, 図のように磁石や回路が動くと回路に電流が流れる現象です

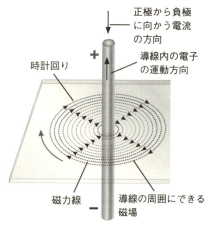

図2　導線を流れる電流は導線のまわりに磁場を生じます

⑦ マクスウェルの方程式

　電磁気学を明らかにするために，ジェームズ・クラーク・マクスウェルは他の科学者の方程式を集約し，理論を作り上げました.

　第1の方程式は，電荷による電場の強さは距離の2乗に反比例することを示しています. たとえば電荷からの距離が2倍になれば，電場の強さは4分の1になります.

　第2の方程式は，磁場の強さに関する式で，磁場をたどってできる磁力線は常にN極を始点としS極を終点として閉じていることを示しています.

　第3の方程式は，電場と磁場の相互作用を表していて，磁場の時間変化（右辺）が誘導起電力（左辺）を生じることを示しています.

　第4の方程式は，電流あるいは電場の時間変化（右辺）がそれらに比例する強さの磁場（左辺）を生じることを示します.

　これらの方程式が一体となって，電磁波の振る舞いを明らかにしているのですが，同時に，光の波の本質を説明していて，光が真空中をどうやって伝播するか，そして電場と磁場との関係などを示しています.

1. $\nabla \cdot \mathbf{E} = \dfrac{\rho}{\varepsilon_0}$

$\varepsilon_0 =$ 真空の誘電率
$\mu_0 =$ 真空の透磁率

2. $\nabla \cdot \mathbf{B} = 0$

磁場の時間変化

3. $\nabla \times \mathbf{E} = -\dfrac{\partial \mathbf{B}}{\partial t}$

電場の時間変化

4. $\nabla \times \mathbf{B} = \mu_0 \left(\mathbf{J} + \varepsilon_0 \dfrac{\partial \mathbf{E}}{\partial t} \right)$

真空中のマクスウェルの方程式. E は電場を表し，B は磁場（あるいは磁束密度），ρ は単位体積あたりの電荷，J は電流密度を表します★

1　量子物理学の誕生　　7

8 熱力学とエントロピー

19世紀には電磁気学の発展と並行して、熱エネルギーの研究が進展しました。その成果は熱力学の法則として知られるようになり、量子論にとって決定的に重要な概念をもたらしました。

熱力学の第1法則は、閉じた系★に熱が加わるときのエネルギーの保存則を示しています。系全体のエネルギーは系に加えられる仕事と熱量の分だけ増減します。

熱力学の第2法則は、本質的には熱は温度が高い方から低い方に移動することを述べています。系の無秩序の程度を測る量であるエントロピーを用いて、第2法則は「系が外界と断熱のときエントロピーは増大する」と表現できます。

熱力学の第3法則は、系の温度が絶対0度に近づくとき、系のエントロピーは0に近づくことを述べています。これらのエネルギー保存およびエントロピーについての概念は 38 と 157 で再度取り上げられます。

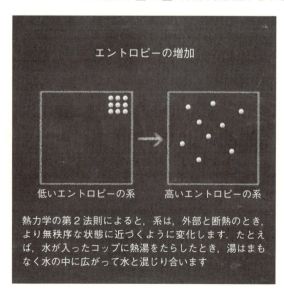

熱力学の第2法則によると、系は、外部と断熱のとき、より無秩序な状態に近づくように変化します。たとえば、水が入ったコップに熱湯をたらしたとき、湯はまもなく水の中に広がって水と混じり合います

9 黒 体

　物体による電磁波の放射に関する研究の中で，19世紀の中ほど「黒体」放射の概念が出来上がりました．黒体とは光などの電磁波を（反射せず）完全に吸収し，電磁波を完全に放射できる理想的な（想像上の）物体です．ドイツの物理学者マックス・プランクは，黒体の表面温度が高いほど放射される光のエネルギーは高くなることを発見しました．たとえば，室温の物体はほとんど赤外線を放射するのに対し，熱を加えて1000℃を超える温度になると可視光を放射し，もっと高温になると紫外線やさらに短波長のＸ線が放射されるようになります．

　恒星は事実上完全黒体に近いと考えられています．恒星の表面温度と放射のエネルギーには次のような関係があります．つまり，低い温度の星は赤い光や赤外線を放射するのに対して，高温の星は青い光や紫外線を放射しています．黒体の温度が際限なく高くなったとき何が起こるか調べることは，量子論の誕生にとって極めて重要な事柄だったのです（⑩参照）．

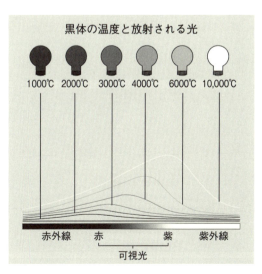

10 古典放射則の破綻

19世紀終盤，高温での「黒体」の振る舞いを調べていた物理学者たちはある問題に直面していました．黒体の温度と表面から放射される電磁波の強度の関係について，当時「レイリー＝ジーンズの法則」とよばれていた法則は，紫外線の領域で観測される強度分布を説明することができませんでした．このことは後に「紫外破綻」とよばれました．

1896年にウィルヘルム・ウィーンによって求められていた「ウィーンの近似式」とよばれる黒体放射の強度分布は逆に，紫外線の領域では実験に合うのに対し赤外線などの長波長で実験に合わなかったのです．

そこで，1900年ごろにドイツの物理学者マックス・プランクはこの2つの問題を結びつけ，1つの式ですべての波長の範囲での強度分布が合うように統一的に解決したのです★．

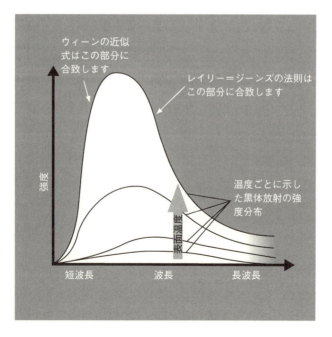

⑪ 量　子

　高温での黒体放射を説明しようとして，マックス・プランクは偶然に，エネルギーが連続的な量として放射されるのではなく，エネルギーの不連続的な粒子のように，ひと塊ずつの量として放出されると考えることによって解決できることを発見しました．プランクはその不連続な塊を量子と呼びました．

　プランクは黒体放射のエネルギーと振動数に一つの単純な関係があることに気が付きました（下記式参照）．Eはエネルギー，fは放射の振動数，比例定数のhはプランク定数で，$h=6.626\times10^{-34}$ J·s（ジュール·秒）です．プランクは，光の量子は黒体中の粒子が何らかのしかたで振動することによる結果だと仮定しました．他方，1905年になって，アルベルト・アインシュタインは，放射を突き詰めると光子とよばれる量子化された小塊からなりたつとして，量子化の概念に至りました．これらプランクとアインシュタインの発見によって量子物理学の誕生が記されることになったのです．

$$E=hf$$

12 電子の発見

　科学者が光の本質を把握しつつあるのとほぼ同時に，原子構造の秘密が解き明かされ始めました．原子がより小さな粒子でできていることの最初のヒントは，いわゆる陰極線現象の研究でした．

　陰極とは，熱せられた負の電極であり，そこから放出される粒子線が陰極線とよばれました．たとえば，図のようなブラウン管テレビのディスプレイでは放出された粒子が磁場と電場によって屈折して，蛍光スクリーンで光の像を描きます．1897年にイギリスの物理学者J・J・トムソンが，陰極線は負の電荷をもつ粒子で，その質量は原子に比べはるかに小さく，原子の内部から出ていることを発見しました．原子の構成要素では最初に見つかった粒子であり，この「電子」の発見が，やがて素粒子物理学という新たな分野を開くことになるのですが，当時，科学者たちには，光の本質についての議論と，この素粒子物理学の新しい世界とが交じり合うことになることなどとうてい考えられないことでした．

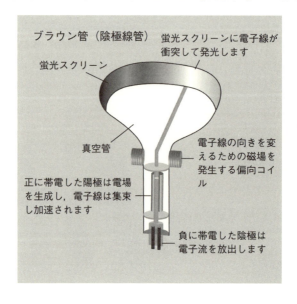

13 光電効果

　光電効果とは，金属表面に，ある波長の光を照射するとき表面から電子が放出される現象で，1873年にイギリスの技術者ウィロビー・スミスによって発見されました．後に，光電効果はアインシュタインの光子理論（14参照）の構想と証明の過程で決定的な役割を果たしました．

　19世紀末までに，物理学者は光によって金属表面から電子が放出される現象は認識していましたが，どうしても理解できない問題がありました．それは，高振動数の青い光や紫外線を照射するとき電子が放出されるのに対し，低振動数の赤い光の場合，どれだけ強い光を照射しても電子が放出されないという問題でした．

　この問題は，アインシュタインが，光を連続的な波としてではなく，プランクが紫外破綻（10参照）の問題を解決できたように，量子の粒として捉えることによって説明できることを示しました．1905年に発表された論文で，アインシュタインは光の振動数と放出される電子のエネルギーの関係を理論的に解明しました．これは1916年にアメリカの物理学者ロバート・ミリカンによって実験的に検証されました．

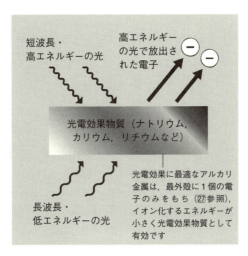

1　量子物理学の誕生

14 アインシュタインの光子理論

　アインシュタインが光電効果の研究で得た結論は劇的でした．当時マックス・プランクは，黒体放射が小さな粒の放出のように見え，そのエネルギーは放射の振動数と関係することを示していました．アインシュタインは，それは放射の仕組みの問題ではなく，光に固有の性質であると主張しました．光は常に量子化された粒子として存在し，光の粒子のエネルギーは光の波としての振動数に比例するというものでした．

　この考えをもとにアインシュタインは，光電効果に対する次のような全く新しい見方を完成したのです．原子核のまわりを電子が運動し，電子は量子化されたエネルギー準位の状態にあり，電子は入射する「光子」と相互作用します．電子が原子の束縛から開放されるには，エネルギー準位のギャップを超えるエネルギーを得ることが必要です．光子にはそのギャップを超えさせるのに十分高いエネルギーのものから，それには不十分な低いエネルギーの光子もあります．電子を開放するのに必要な条件は，光子の個数つまり光の強度ではなく，個々の光子がもつエネルギーつまり振動数が十分に大きいことでした（11参照）．

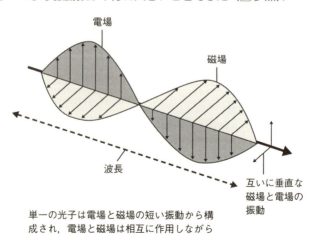

単一の光子は電場と磁場の短い振動から構成され，電場と磁場は相互に作用しながら電磁波として進行します

15 コンプトン散乱

　光電効果（13 参照）は光の粒子性を示しています．1923 年，アメリカの物理学者アーサー・コンプトンは光などの電磁放射の粒子性を示す別の現象を見出しました．炭素原子に照射した X 線が，原子中の電子に衝突してどのように散乱されるかを観察しました．X 線は原子中の電子を跳ね飛ばすのに十分な強度をもち，そのエネルギーの一部だけで電子は十分に原子から開放されるはずで，電子にエネルギーを与える分だけ X 線の強度が減少すると思われました．ところが結果は驚くべきもので，反射によって X 線はその振動数が小さくなっていたのです．

　コンプトンはこれをビリヤード球の衝突になぞらえました．球がもう 1 個の球に衝突するとき，衝突する球のエネルギーと運動量の一部が衝突される球に移り，球は跳ね飛ばされます．衝突の前後で運動量は全体では保存されますが，衝突した球は衝突前に比べて遅くなります．これを光の粒子が電子に衝突することに置き換えると，光の振動数が減少することは，光の粒子の運動量が減ることに対応します．このコンプトン散乱とよばれる現象は光の粒子説の決定的な証拠になるのです．

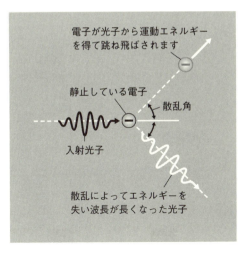

1　量子物理学の誕生

16 波動・粒子の二重性

1920年代はじめまでに,光が波動と粒子の両方の性質をもつことは広く受け入れられていましたが,なぜ光だけがこのような性質をもつのかということは謎のままでした.1924年にフランスのルイ・ド・ブロイは電子などの粒子も波動・粒子の二重性を示すという仮説を提唱しました.粒子の「波長」はプランク定数(11参照)を粒子の運動量で割ったものとして定義され,ド・ブロイ波長とよばれています(下記式参照)★.

実際,あらゆる粒子は特有の波長(ド・ブロイ波長)をもちます.他方シュレーディンガーの方程式の解である波動関数(の大きさの2乗)は確率を表していて,曲線の山や谷の部分では粒子が存在する確率は高いのです.運動量が大きくなるとド・ブロイ波長が短くなり原子や素粒子と同程度の大きさになります.波動性はこのように波長と原子や素粒子の大きさが同規模のとき重要になります.他方,巨視的な物体ではたとえば,100 mを10秒で走る80 kgの選手のド・ブロイ波長は約8×10^{-37} m程度で,その波は検出不可能なので波動性は無視できます.

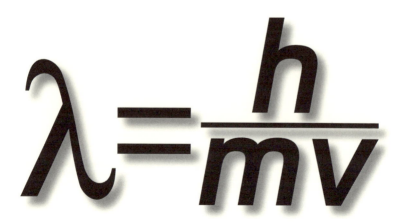

$$\lambda = \frac{h}{mv}$$

17 電子回折

　波動・粒子の二重性についてのド・ブロイの仮説は1929年にクリントン・デイヴィソンとレスター・ガーマーによって実験的に証明されました．それは電子ビームを純粋なニッケル結晶に照射する実験です．電子のド・ブロイ波長は可視光の波長に比べて極めて短いため，結晶の原子面間の間隔を回折格子として利用します．光の回折と同様に，結晶の隣り合う原子面に入射した電子は反射したあと干渉縞を形成します．デイヴィソンとガーマーの実験とは独立にイギリスのジョージ・トムソン，日本の菊池正士も同様の干渉実験に成功しました．

　電子線が回折現象を示すことは，電子の波動性を証明しただけではなく，実用上の計り知れない可能性を示しました．たとえば電子はその波長の短さのため，電子顕微鏡は光学顕微鏡に比べ物質の微細な状態まで探査することを可能にしたのです．

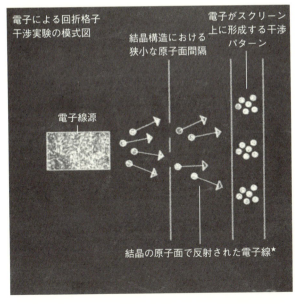

1　量子物理学の誕生

18 ラザフォードの原子模型

　波動・粒子の二重性は，量子論が光だけではなく原子やその構成粒子にも適用できることを示しています．それでは一体，原子や素粒子の理解はどのように進んできたのでしょうか．J・J・トムソンは電子を発見した後，ある原子模型を提唱しました．球状の空間に正に帯電した物質が充満し，そこにいくつかの電子が埋め込まれているというもので，ブドウパンモデル（Plum pudding model）とよばれています．

　それに対して，1911年にアーネスト・ラザフォード，ハンス・ガイガー，アーネスト・マースデンの3人は新たな原子模型を提唱しました．放射線であるアルファ粒子を金の薄膜に衝突させ，周囲に配置した蛍光板が光る様子を調べました．ほとんどの粒子はそのまま通り抜けましたが，一部は進路を曲げられ，真後ろに跳ね返されるものもありました．その様子は，ブドウパンモデルでは説明不可能であり，ラザフォードらは原子のほとんどの質量が中心の核に集中して，電子はその周りを回っているというモデルで説明できたのです．今ではその原子核は陽子と中性子から構成されていることがわかっています．

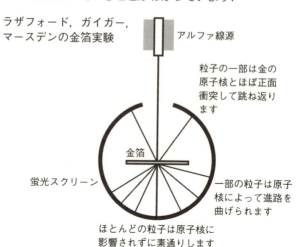

19 ボーアの原子模型

ラザフォードの実験は，中心の原子核の周りを電磁気力によって電子が周回する様子を示唆していました．しかし古典物理学的には，そのモデルでは周回する電子は徐々に連続的な波長の光を放出してエネルギーを失い，最後に中心の原子核に吸収されることになるはずです．ところが，実際には原子は安定で，光が放出されても離散的な量子として放射されることがわかっていました．

発祥期の量子論を適用してこの問題を解明したのが，デンマークの物理学者ニールス・ボーアでした．ボーアは，電子を離散的なエネルギー準位にある安定した軌道を周回するものと考えました．電子は高いエネルギーの軌道から低いエネルギーの軌道に，エネルギー差に対応する光子を放出して遷移します．同様に，高いエネルギーの軌道に遷移するときには対応するエネルギーの光子を吸収します．これは，分光学の基本的な理論的背景になっています（25参照）．エネルギー準位の差と放出・吸収される光の振動数にはプランクの式で表される関係があります（11参照）★．

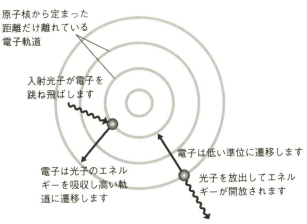

それぞれのエネルギー準位に対応する軌道

1　量子物理学の誕生　　19

⑳ 量子力学における原子

　ラザフォードやボーアの原子模型では原子の構造を説明しきれない点があり，それが埋められたのは 1925 年でした．
　波動・粒子の二重性とは，電子などの粒子は波動としても粒子としても振る舞うことができることです．もし原子において電子が中心の原子核の周りを，あたかも太陽を中心に周回する惑星軌道のように，同心円状の軌道を描いて運動するとすれば，どんな時刻においてもそれぞれの電子の位置を正確に知ることができるはずです．しかし波動性から考えれば，電子は確率波のどの位置にでも存在できるはずで，その位置は不確定なのです．
　これに最初に気づいたのはドイツの物理学者ヴェルナー・ハイゼンベルクとエルヴィン・シュレーディンガーでした．電子の軌道（orbits）は電子の「雲」として考えることが提起されました．今日では，オービタル（orbitals）ともよばれます．本書では量子的な軌道（orbitals）つまり電子「雲」も「軌道」と表すことにします．

原子の量子力学模型では，電子は固定された軌道(orbits)ではなく，広がりをもつ軌道（orbitals）を占有しています ㉜参照）

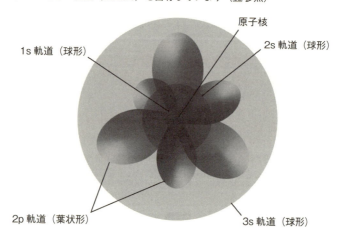

21 相対性理論

　20世紀初めは物理学発展の時期でした．素粒子や量子の微視的世界での発展と並んで，おそらく最大の発展は巨視的世界における特殊相対性理論（特殊相対論）と一般相対性理論（一般相対論）であり，それぞれ1905年と1915年に発表されました．

　これらは量子物理学に対しても大きな影響を及ぼしました．特殊相対論は光速に近い物体の運動を扱い，加速度をもたない座標系での物体の運動がどう見えるかを述べるものです．そこからアインシュタインは量子物理学，素粒子物理学での重要概念である「質量とエネルギーの等価性」（22参照）を導きました．

　他方，一般相対論は加速度運動する「座標系」を考慮するもので，重力が空間を歪める効果について述べ，重力が宇宙的な規模に及ぶことなどを示しています．アインシュタインは，重力と電磁気学の統一を試みましたが，やがてその考え方は巨視的世界のみならず微視的な世界での重力理論と量子論を統一するという未知の量子重力理論の探求へとつながっていきます（129参照）．

1　量子物理学の誕生

22 質量とエネルギーの等価性

　質量 m とエネルギー E の等価性を表す方程式（下記式参照）は物理学において最も有名な方程式の一つです．アインシュタインは質量 m の物体が光速に近い速度で移動するときの振る舞いについて調べているときにこの式を発見しました．光速 c は宇宙における速度の限界で，質量のない光子以外は決して到達できません．

　$E=mc^2$ における c^2 は約 9×10^{16} m^2/s^2 という大きい値をもち，小さな質量でも大きいエネルギーに対応します．たとえば，1 kg の物体は 9×10^{16} J です．質量が増えるとエネルギーがさらに大きくなります．これは静止物体のエネルギーであり，運動して速度をもつとさらにエネルギーが増えます（38参照）．

　この質量とエネルギーの等価性は量子の規則に従う原子や粒子に対しも成り立ちます．物理学者が微視的な粒子の質量として用いる単位は kg（キログラム）ではなく，質量をエネルギーに換算した eV（電子ボルト）という単位で，真空中で1個の電子を1V（ボルト）の電圧で加速したときの運動エネルギーです．たとえば，電子の静止質量は $m_0c^2=0.511$ MeV（メガ電子ボルト）$=0.511\times10^6$ eV です．これを $m_0=E/c^2=0.511$ MeV/c^2 と表すこともあります．

23 ソルベー会議

　量子物理学における考え方の相違を統一するために議論しようとして，1927年ブリュッセルで開かれた会議がソルベー会議です．そこには世界の量子物理学のリーダー29人が集まりました．そのうちの17人はノーベル賞受賞者でした．ニールス・ボーア，アーサー・コンプトン，マリー・キュリー，ルイ・ド・ブロイ，ポール・ディラック，アルベルト・アインシュタイン，ヴェルナー・ハイゼンベルク，ヴォルフガング・パウリ，マックス・プランク，エルヴィン・シュレーディンガーなどそうそうたるメンバーでした．

　参加者の間には考えの違いが存在していました．たとえば，ハイゼンベルクは量子物理学の問題は解決済みだと捉えていましたが，アインシュタインは量子力学が成果を上げることの理由の説明をまだ模索しているところでした．アインシュタインがハイゼンベルクの不確定性原理（83参照）に応えた言葉「神は宇宙を相手にサイコロをもてあそびはしない．」に見られるように，アインシュタインにとっては偶然で定まるようなことは認めることができなかったのです．

1927年のソルベー会議の参加者

1　量子物理学の誕生

24 コペンハーゲン解釈 I

1920年代，量子物理学に関する理論的基盤はコペンハーゲン大学のニールス・ボーア（図参照）の主導のもとに整備されました．ポール・ディラック，エルヴィン・シュレーディンガー，そしてヴェルナー・ハイゼンベルクをはじめとする多くの物理学者たちがボーアのもとにやって来て研究し，量子力学が建設されました．その中でいわゆる「コペンハーゲン解釈」なるものが形づくられていきました．この考え方は量子物理学における一種の信条のようなもので（数学的な公理に似ています），その主張は以下のようです．量子系の振る舞いの認識は，すべて測定することによってはじめて得られるのであって，測定をしない限り，波動関数からある結果になる確率がわかるにすぎないのです．

コペンハーゲン解釈は多くの支持があるとはいえ，すべての研究者に受け入れられたわけではありませんでした．量子力学に対して別の解釈を提案する研究者もいて，たとえば多世界解釈（140参照）や観測者が認識してはじめて一つの結果に対応する波動関数が選び出されるという考え方もあります（193参照）．しかし，コペンハーゲン解釈が突破口となって，奇妙な量子物理の世界の研究に必要なてだてを見つけることができたことは間違いありません．

2 エネルギー準位とスペクトル線

25 分光学

　分光学とは，物質や物体が放出，吸収，あるいは反射する放射線の波長を精密に分析することです．分光学は，今日では天文学だけではなく，医学，材料科学，化学分析などでも強力な研究手段となっています．

　ヘリウムは宇宙の構成元素全体の4分の1を占めています．しかし，その存在は1868年に天文学者ノーマン・ロッキャーが太陽光の分光学的解析によって発見するまで知られていませんでした．ロッキャーは588 nm（1 nm〈ナノメートル〉は10億分の1 m）の波長をもつ強い黄線を発見し，それが既知の元素に由来しないことから，太陽大気中の新元素によるスペクトル線であることがわかったのです．

　分光学が有力である理由は，原子によって放出・吸収される光の波長が原子の内部構造を反映していて，原子のさまざまなエネルギー準位にある電子と光の相互作用によって決定されることにあります．分光学は量子世界の特質を理解するための理想の「試験場」だといえます．

スペクトルの類型

プリズムなどの分光器が光をさまざまな波長に分解します

白色光

白熱光源

光の連続スペクトル

放射

高温気体

暗い背景上の輝線

吸収

白熱光源

低温気体

連続スペクトル上の吸収線

26 原子構造

　ラザフォードやボーアによって表された原子のモデル（模型）は非常に単純で，原子核を中心にその周囲の軌道上を電子が運動するというものです（18 19 参照）.

　原子核は，原子の質量の大部分を担い，1個以上の「核子」つまり陽子または中性子から構成されています．陽子と中性子はそれぞれ3個のさらに小さなクォーク（43参照）とよばれる粒子でできています．陽子は1単位の正の電荷をもち，中性子は電荷をもちません．原子全体では電荷は0ですから，原子核内の陽子の正電荷が，原子内で軌道を描く電子の負電荷とちょうど打ち消し合っています．

　最も簡単な原子は水素で，その原子核は1個の陽子のみをもち，そのまわりを1個の電子が回っています．次に簡単な原子はヘリウムで，その原子核は2個の陽子と通常2個の中性子からなり，外側を2個の電子が回っています．逆に，最も重い原子は118個の陽子，176個の中性子，118個の電子で構成されています（人工元素オガネソン294）.

簡単な構造をもつ原子

水素
陽子1個，電子1個

重水素（またはデューテリウム）
陽子1個，中性子1個，電子1個

ヘリウム4
陽子2個，中性子2個，
電子2個

炭素12
陽子6個，中性子6個，
電子6個

27 電子殻

　原子核のまわりの「殻」とよばれる軌道上を電子が運動しています．原子核から遠い殻であるほど，より多くの電子が入っています．中心に最も近い殻は「K殻」といわれ，最大2個の電子が含まれます．2番目は「L殻」で最大8個，3番目は「M殻」で最大18個，4番目は「N殻」で最大32個の電子が含まれ，殻はさらに外側に続きます．

　殻にはそれぞれ「主量子数」（28参照）nが割り当てられていて，K，L，M，N，…の各殻は$n=1, 2, 3, 4, …$に対応します．それぞれの殻に含まれる電子の最大数は$2n^2$と表されます．たとえば，K殻からM殻までに含まれうる電子は最大$2×(1^2+2^2+3^2)=28$個です．

　原子の質量が大きいほど原子に含まれる電子の個数が増加して，殻の個数も増加します．最外殻は「原子価殻」とよばれ，原子価殻の電子は原子同士の相互作用に関与します．したがって，原子の化学的な性質は原子価殻とそこに含まれる電子によって決まります．

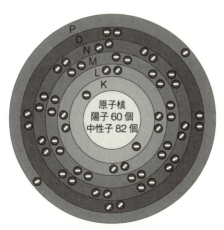

ネオジム142の原子（元素記号 Nd，原子番号 60）の電子配置．60個の電子のうち，28個はK，L，M殻に入り閉殻を作ります．残りの32個の電子は単純にはN殻にすべて入ることができますが，複雑なエネルギー準位のためN，O，Pの3つの殻に分散されます

2　エネルギー準位とスペクトル線

28 量子数

　電子殻のエネルギー準位はまず主量子数 $n (=1, 2, \cdots)$ によって定まります．その他にも電子の状態を特徴づける量子数があります．

　電子は小さいながら質量 9×10^{-31} kg をもつので，それぞれの主量子数 n に対して，軌道運動の角運動量を表す量子数「方位量子数（または軌道角運動量量子数）$l (=0, 1, 2, \cdots, n-1)$」があります．方位量子数 l には軌道の向き（傾き）を表す「磁気量子数 m_l」があり，$m_l = -l, \cdots, l$ の値をとります．

　もう一つ「スピン量子数 s」（電子では $s=1/2$）（48参照）とその2つの向きを表す「スピン磁気量子数 $m_s (= \pm 1/2)$」があります．

　主量子数 n で定まるそれぞれの電子殻は，方位量子数 l によって副殻に分かれます（32参照）．電子のエネルギー準位は主量子数によって定まりますが，原子が磁場中に置かれるとき，磁場と電子の軌道角運動量が相互作用をして，電子のエネルギー準位が m_l の値によって分裂します．この現象はゼーマン効果（40参照）として知られています．

量子数と原子軌道

主量子数 n	方位量子数 l	副殻	磁気量子数 m_l	副殻における軌道の個数*
1	0	1s	0	1
2	0	2s	0	1
	1	2p	1, 0, −1	3
3	0	3s	0	1
	1	3p	1, 0, −1	3
	2	3d	2, 1, 0, −1, −2	5
4	0	4s	0	1
	1	4p	1, 0, −1	3
	2	4d	2, 1, 0, −1, −2	5
	3	4f	3, 2, 1, 0, −1, −2, −3	7

＊スピンを考慮するとさらに各軌道には $m_s = \pm 1/2$ の2個ずつの電子が入ることができます．たとえば 2p の軌道には $3 \times 2 = 6$ 個まで電子が入ります

29 電子のエネルギー準位

　原子内のそれぞれの電子殻は異なるエネルギー準位にあり，原子核から離れた殻の電子ほど高いエネルギーをもちます．原子核から無限の距離にあるときエネルギーを0としているので，すべての殻のエネルギーは負になります．

　たとえば，水素原子では1個の電子が中心の陽子のまわりを運動しています．内側からK殻（$n=1$），L殻（$n=2$），M殻（$n=3$）と電子殻が続いています．K殻の電子は-13.6 eV（電子ボルト）のエネルギーをもちます．L殻の電子は-3.40 eV，M殻の電子は-1.51 eV，さらに中心から離れると殻のエネルギーはゼロに近づきます（これらのエネルギーは30に示した式で計算できます）．高いエネルギー準位に上がるためには，光子を吸収してエネルギーを得る必要があります．逆に，高いエネルギー準位にある電子は光子を放出して低いエネルギー準位に戻ります．

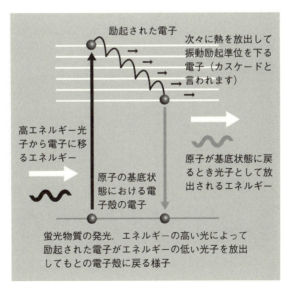

蛍光物質の発光．エネルギーの高い光によって励起された電子がエネルギーの低い光子を放出してもとの電子殻に戻る様子

2　エネルギー準位とスペクトル線

30 エネルギー準位の計算

　スペクトルの解析では，電子のエネルギー準位の計算が必要になることがあります．下に示した式は，原子番号 Z の原子核を中心として，電子が1個だけ運動するときのエネルギー準位を表します．水素原子（$Z=1$）や He^+ イオン（$Z=2$）などです．E はエネルギー，h（$=6.626 \times 10^{-34}$ J·s，11参照）はプランク定数，c（$=2.998 \times 10^8$ m/s）は光速，R はリュードベリ定数とよばれ $R=1.097 \times 10^7$ m^{-1}，n は主量子数です．

　多電子原子の例として，$Z=11$ のナトリウム原子のM殻（$n=3$）を計算してみます．電子がK殻に2個，L殻に8個，M殻に1個入っています．M殻の1個の電子にとっては，原子核の電荷 +11 のうち +10 が内側の 10 個の電子で遮蔽され，近似的に $Z=1$ と考えられ，水素原子と同じ計算ができます．$Z=1$，$n=3$ とおいて，

　　$E = -6.626 \times 10^{-34} \times (2.998 \times 10^8) \times (1.097 \times 10^7) \times (1^2/3^2)$

より，$E = -2.421 \times 10^{-19}$ J になります．量子物理学ではエネルギーの単位として J（ジュール）ではなく，eV（電子ボルト）を用います．したがってナトリウム原子でのM殻のエネルギー準位は近似的に -1.511 eV になります．

$$E = -hcR \left(Z^2/n^2 \right)$$

31 基底状態

　原子内で最低のエネルギーをもつ電子殻，つまり最内側に位置するK殻から順に電子が詰まった状態は「基底状態」といわれます．「一番低い」という意味です．他方，低い殻の電子の一部が高い殻に上がった状態は「励起状態」あるいは「励起されている」といわれます．

　基底状態と励起状態の違いから，電子殻で起きる量子物理学的な現象を理解できます．電子は光子を吸収してエネルギーを得て，高いエネルギーの電子殻に励起されます．逆に，電子が光子を放出してエネルギーを失うと，低いエネルギーの電子殻に戻ります．なぜ電子は低いエネルギーの電子殻に落ちようとするのでしょう．そもそも，一般に高いエネルギー準位は不安定で，どんな粒子であっても低いエネルギーの準位に落ち着こうとするからです．電子の今の状態のすぐ下の電子殻に電子の空き（空孔）があると，電子は即座にエネルギーを放出してその空孔を埋めようとします．

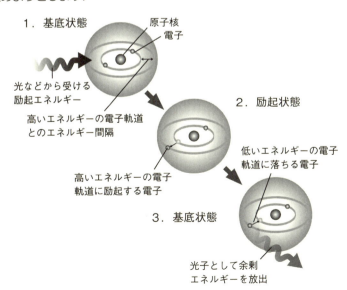

2 エネルギー準位とスペクトル線

32 副電子殻

30で示した方程式によれば，同じ n をもつ同一電子殻の電子は同じエネルギーをもちます．しかし，厳密には方位量子数 l によって，1つの電子殻はいくつかの副電子殻（または副殻）にエネルギーが分離します．電子はその電子殻内のどの副殻にも入ることができますが，通常は最低エネルギーの副殻（$l=0$）から順に詰まっていきます．

副殻は $l=0, 1, 2, 3, 4, 5, 6, \cdots$ に対応して文字 s, p, d, f, g, h, i, $\cdots$ で区別されます．たとえば，最内側のK殻（$n=1$）の副殻は 1s の1つだけです．その外側のL殻（$n=2$）には2つの副殻 2s と 2p があります．3番目のM殻（$n=3$）には3つの副殻 3s, 3p, 3d があります．

K殻，L殻，M殻，$\cdots$ の順にエネルギーが並び，同じ殻においては副殻 s, p, d, $\cdots$ の順にエネルギーが増えていきます．しかしその順番が前後することがよくあります．たとえば，カリウム原子（$Z=19$）の最外殻は 3d のはずですが，実際は 4s です．

電子の波動関数による空間分布の形状は副殻ごとに異なっています（図参照）．

s, p, d, f それぞれの副電子殻に対する空間分布の形状

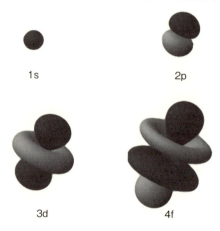

1s　　2p

3d　　4f

33 エネルギー準位の縮退

　調和振動子は振動や波動を伴う多くの現象の解析に利用されています．最も単純な調和振動子は，バネに吊るされた重りの上下振動です．振動を3次元に拡張して，上下だけではなく，左右と前後の3方向の振動を考えてみます．3方向の振動の振幅が等しいとき，たとえば上下の振幅と左右の振幅が等しいとき，上下振動と左右振動は同じエネルギーをもちます．このようにいくつかの状態が等しいエネルギー準位に重なる場合，状態が「縮退」しているといいます．

　2個以上の量子状態が縮退してエネルギーが等しい状態にある例が，水素原子の電子殻に見られます（27参照）．同じ主量子数 $n(=1, 2, \cdots)$ をもつ n^2 個のエネルギー状態は同じエネルギーをもつので縮退しています．基底状態のK殻は1s電子のみですから縮退していないので，縮退度は1といえます．次のL殻は $n=2$ なので2sと2pの副殻全部で縮退度は $2^2=4(=1+3)$ です．同じように $n=3$ のM殻では3s, 3p, 3dの副殻を合わせて縮退度は $3^2=9(=1+3+5)$ です（図参照）．

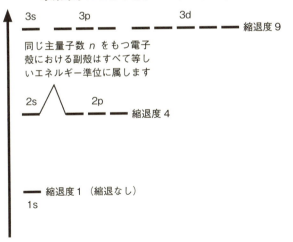

水素原子における電子のエネルギー準位

㉞ フントの規則

　1927 年，ドイツの物理学者フリードリッヒ・フントは原子内での電子配置についての規則を見出しました．それは，複数個の電子をもつ原子について，低い電子殻や副殻から順に電子を配置するとき，最低エネルギーの電子配置と電子状態を定めるものです．

　規則では，全電子にわたるスピン (s) のベクトル和 S，軌道角運動量 (l) のベクトル和 L，それらのベクトル和である全角運動量 J のそれぞれの量子数 (S, L, J) が用いられます．規則は図に示した 3 つです．たとえば 1 番目の規則によると，最外副殻が nl のとき，電子が $2l+1$ 個以下であれば，いずれもスピンが同じ向きで入ることになります．もし，$2l+1$ 個まで入ってしまったら，そのあとは対をつくるようにスピンが反対向きで入っていきます★．

　最外電子殻や最外副殻の電子配置は原子の化学的な特性を決定するので，電子配置を定める規則は重要で，原子とほかの原子や分子との相互作用において電子殻が占有されていく順番は決定的に重要だといえます．

フントの規則

（「項」とは (S, L, J) の組です）

（Ⅰ）ある電子配置で，最小エネルギーの項は最大の S をもちます．

（Ⅱ）S が同じ場合，最小エネルギーの項は最大の L をもちます．

（Ⅲ）原子の最外副殻の半分以下が占有されているとき，最小エネルギーの項は $J(L+S)$ が最小の値の場合です．

　　　最外副殻の占有が半分より多いとき，最小エネルギーの項は最大の J の場合です．

35 パウリの排他原理

それぞれの電子殻に電子が入れる個数は $2n^2$ 個になることはすでに述べました（27 参照）．オーストリアの偉大な物理学者ヴォルフガング・パウリが 1925 年に発見した排他原理がその説明を与えてくれます．

パウリは原子の副電子殻を占有できる電子の数は，その副殻で電子が取りうる軌道角運動量とスピンのすべての状態数に等しいことに気づきました．たとえば 1s 副殻には $1 \times 2 = 2$ 個，2p 副殻には $3 \times 2 = 6$ 個，3d 副殻には $5 \times 2 = 10$ 個まで入れます．副電子殻がいっぱいになると次にエネルギーが高い副電子殻が占有されていきます．つまり，「2 個の電子が同じ状態を占めることができない」というのが排他原理なのです．

さらに後に明らかになるのですが，排他原理は電子だけではなく，中性子や陽子などスピンが半整数の粒子であればすべてに成り立ちます．

星が重力で崩壊しないのは，排他原理による圧力である「縮退圧」によっています（115 参照）．

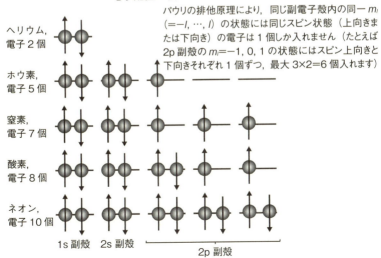

電子配置の例

パウリの排他原理により，同じ副電子殻内の同一 m_l ($=-l, \cdots, l$) の状態には同じスピン状態（上向きまたは下向き）の電子は 1 個しか入れません（たとえば 2p 副殻の $m_l=-1, 0, 1$ の状態にはスピン上向きと下向きそれぞれ 1 個ずつ，最大 $3 \times 2 = 6$ 個入れます）

ヘリウム，電子 2 個
ホウ素，電子 5 個
窒素，電子 7 個
酸素，電子 8 個
ネオン，電子 10 個

1s 副殻　2s 副殻　2p 副殻

2 エネルギー準位とスペクトル線

36 フラウンホーファー線

　太陽光をプリズムに通すと，可視光領域の光は波長の違いに応じて色違いの連続スペクトルに分かれます．19世紀初めの科学者は，虹のように分かれた連続スペクトルの中にいくつもの暗線が混じっていることに気がつきました．ドイツの光学技術者ヨゼフ・フォン・フラウンホーファーがこのことを深く調べ500本以上の暗線を識別しました．これらの暗線はフラウンホーファー線とよばれています．現在では数千本が知られています．

　フラウンホーファー線は，太陽表面から放出された可視光が，太陽大気や地球大気内で原子の励起によって吸収された離散的な暗線です．吸収される光子は，電子の離散準位間のエネルギー差に対応する波長をもちます．多くの原子がいろいろなエネルギーに対応する波長の光子を吸収すると，可視光の連続スペクトルの中で対応する波長の暗線として観測されます．それによって太陽などの星の原子構成を知ることができます．

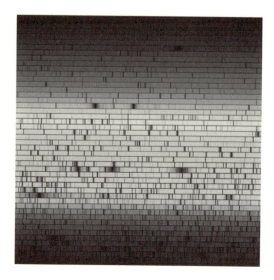

37 輝　線

　暗線である吸収線とは反対に，原子内電子は励起状態から低いエネルギー状態に遷移するとき光子を放出して輝線を生じます．輝線は励起された気体，たとえばネオン照明管の内部や，新しく生まれた星の周囲の気体の雲などで生成されます．

　宇宙で最も単純な原子である水素原子の場合も，電子のそれぞれの遷移に対応する波長の光が放出されます．いくつかの遷移は次のような系列に分類されています．

　1906年に，セオドア・ライマンによって発見された系列がライマン系列です．いろいろな励起状態から最低エネルギーのK殻（主量子数 $n=1$）に遷移する系列です．特にL殻（$n=2$）からK殻への遷移はライマン・アルファとよばれ，波長が121 nmの紫外線です．同様にM殻（$n=3$）からK殻への遷移はライマン・ベータとよばれます．

　他方，励起状態からL殻への遷移に対応する系列はバルマー系列と言われ，可視光から紫外線の領域にあります★．

オリオン星雲は発光星雲で，水素の豊富な気体の雲に囲まれていて，水素原子は新星からの放射によって励起されます

38 エネルギーと運動量の保存則

熱力学の第1法則（8参照）は系の全エネルギーの保存則です．エネルギーは生成も消滅もせず，その形態を変えるのです．たとえば，氷の塊に熱が加わり気体に変化（昇華）したとすると，熱エネルギーが水蒸気となった水分子の運動エネルギーに変化したということです．

宇宙で保存されるのはエネルギーだけではありません．運動量も保存されます．たとえば玉突き台の球を考えます．静止している赤球（運動量ゼロ）に白球を衝突させると，たがいに反発しあい赤球は速度をもつようになり，衝突前の運動量の一部が赤球に移動します．各球の運動量は変化しますが，白球と赤球の全運動量は衝突前後で保存されます．

氷の塊や，玉突きの球の例は日常の現象ですが，エネルギー保存則と運動量保存則は微視的な粒子の世界でも成り立ちます．

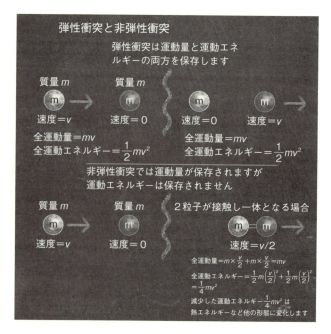

39 禁制遷移

　量子物理学で見られるように,自然は本質的に不確実で無作為なものですが,反面で細かい規則制限があります.たとえば,エネルギー,運動量（38参照）や量子状態などの保存則や,遷移の選択則です.

　原子や分子における電子が光を吸収や放出するとき,もっとも強い遷移は $\Delta l = \pm 1$, $\Delta m_l = 0, \pm 1$ という選択則に従います.選択則を満たさない遷移は「禁制遷移」と呼ばれ,極めて小さい確率でしかおきません.

　天体現象において,たとえば恒星から放出される光のスペクトルには禁制遷移に対応すると考えられる輝線が見られます.

　他に,たとえばリン光の発光体では,エネルギーを吸収した原子や分子が基底状態に戻る遷移が禁制遷移であるため相当の時間を要し,ゆっくりと発光します.

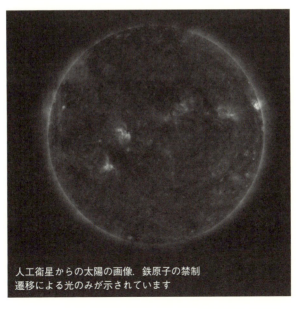

人工衛星からの太陽の画像.鉄原子の禁制遷移による光のみが示されています

2　エネルギー準位とスペクトル線

40 ゼーマン効果

　原子の最外殻電子の集まり全体は軌道角運動量量子数 $L=0, 1, \cdots$ に比例する磁気モーメントをもつので，原子は小磁石のように振る舞います．電子全体として全スピン角運動量をもたない原子（$S=0$）が磁場中に置かれると，磁気モーメント（小磁石）と磁場が作用し合い，エネルギー準位が $M_L = -L, \cdots, L$ の $2L+1$ 本に分裂します．遷移は $\Delta M_L = 0, \pm 1$ という選択則に従って3本に分裂します（図左側参照）．この磁場によるスペクトル線の分裂を正常ゼーマン効果といい，オランダの物理学者ピーター・ゼーマンが発見しました．

　他方，電子の全スピン角運動量がゼロでないとき（$S \neq 0$），軌道角運動量だけではなくスピン角運動量が加わり，全角運動量（$J = L + S$）による磁気モーメントと外部磁場の相互作用によってエネルギー準位が分裂します．そしてこの場合分裂は4本，6本などのスペクトル線に複雑に分裂します．この分裂は，異常ゼーマン効果とよばれます．

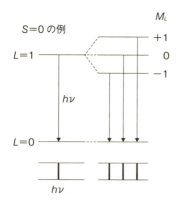

正常ゼーマン効果

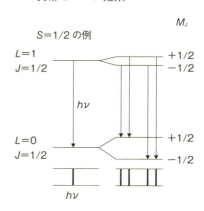

異常ゼーマン効果

3 素粒子物理学

41 粒子の動物園

　身の回りの物質は原子からできていますが，原子はさらに陽子や中性子，電子などの素粒子からできています．しかし，これらは素粒子全体の中では氷山のほんの一角にしかすぎず，すべての種類を集めればまるで動物園のようです．これらの粒子は20世紀に相次いで発見されましたが，それは粒子加速器の威力がとても向上したことに加えて，理論物理学が飛躍的に進歩したことによるものでした．21世紀になっても研究は進み続けており，とくに2013年には有名なヒッグスボソンが発見されました．

　素粒子物理学の全体像は「標準模型」とよばれるもので表されます．物質はクォークおよびレプトンと名づけられた粒子でできており，それらの間に働く基本的な3つの力は，ゲージボソンとよばれる粒子によって媒介されます．素粒子の世界は量子物理学によって支配されており，その固有の法則にしたがって集合体を作ったり互いに影響を及ぼしあったりしています．

電荷をもった素粒子が泡箱の中を通過するときに残された飛跡．この泡箱はスイスの欧州原子核研究機構（通称 CERN セルン）の研究センターにある「巨大欧州泡箱」（通称 BEBC）という装置です．現在は，すでに稼働を終了しています

42 標準模型

　物理学者たちが素粒子の標準模型にたどり着いたのは1970年代のことで，それまでの数十年にわたる研究と発見の積み重ねによる結果です．素粒子は物質を構成する最下層のもので，それ以上分割できないと考えられています．クォークは集まって結合し，陽子や中性子などをつくります．標準模型はもっとも基本的なレベルの素粒子について記述するものです．

　しかし，標準模型は，いろいろな種類の素粒子を表（図参照）のように単に並べるだけにとどまらず，素粒子同士の相互作用によって，身の回りにある世界がどのようにつくられているかを記述するものなのです．ただし，標準模型では説明できない疑問や謎も数多く残されています．たとえば，基本的な力の起源はどのようなものか，6種類あるクォークで質量の大きさが大きく違うのはなぜか，謎につつまれた「ダークマター（暗黒物質）」の素性は一体なにか，などは，標準模型では答えることができないでいます．

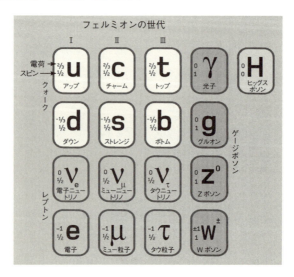

43 クォーク

　原子核は陽子と中性子からできていますが，それらはさらに小さなクォークとよばれる素粒子からできています．この妙な名前は，その発見に関わった物理学者の一人であるマレー・ゲルマンが，アイルランドの作家ジェームス・ジョイスの小説の一節からとって名づけたものです．

　クォークは大きさが 1 m の 1 兆分の 1 のさらに 100 万分の 1 以下で，電子の電荷の分数倍の電荷をもっています．全部で 6 種類あり，アップ，ダウン，……というようにどれも少し変わった名前がついています（図参照）．2 個ずつを 1 組にして世代といい，全部で 3 世代のクォークがありますが，身の回りの物質を構成するのに必要なのは第 1 世代のアップとダウンで，あとは宇宙線の中や巨大加速器の生成物として見つかるだけです．クォークは強い力とよばれる相互作用によって 2 個または 3 個が結合し，ハドロン（44参照）をつくります．この力はとても強く，これまでクォークが単独で観測されたことはありません．

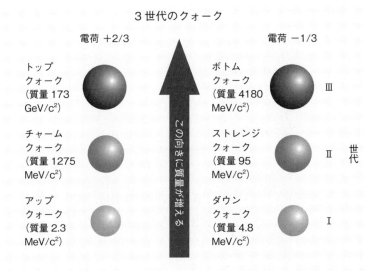

3 素粒子物理学

44 ハドロン

　クォークが結びついてできた粒子はハドロンとよばれます．大きく2種類に分けられ，3個のクォークからできているバリオン（原子核をつくる陽子と中性子など）と2個のクォークからなる短寿命な中間子があります．クォークを結びつける相互作用が量子色力学（127参照）で，QCDと略されます．

　ただし，色と言っても，文字通りの色ではなく，クォークのみに付随する量子的な性質のことです．量子力学の規則であるパウリの排他原理（35参照）によれば，同じ量子数（28参照）の状態にあるクォークが同一場所を占めることはできませんが，色の自由度があると，他の量子数が同じでも排他原理を回避してハドロンをつくることができます．色には3種あり，これを赤，緑，青ということにすると，反クォークの色は反赤，反緑，反青です．色と反色は引きあうので，クォークと反クォークが結合して中間子を作ります．3種の色も全体として引きあうので，赤，緑，青1つずつでバリオンになります．このようなクォーク間の強い力を媒介するのはグルオンとよばれる粒子です．

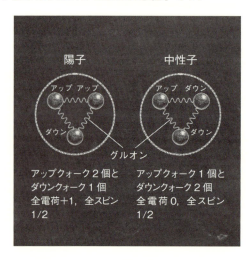

㊺ レプトン

　電子はレプトンとよばれる素粒子に分類されます．レプトンはハドロンと違い，それ以上に分割できない「素」な粒子です．電子は量子物理学の主役ですが，同じ負の電荷をもつレプトンにはほかに2種類あり（つまりクォークと同じく3世代あるのです），ミュー粒子，タウ粒子という名前がついています．電子とは違い，いずれもたいへん不安定で，宇宙線の中や大型加速器の生成物にしか観測されることはありません．

　レプトンのうち電荷をもたないニュートリノは，知られている中で不思議な素粒子の筆頭です．実は，ニュートリノは宇宙に満ちていて，いまこの瞬間にも何兆個ものニュートリノが私たちの体を通過しています．ニュートリノは電荷をもつ3つのレプトンに対応して3種類ありますが，ひとりでに種類が変化してしまいます．いずれもほとんど質量をもたず，他の粒子ともごく弱くしか相互作用しないため，その検出は間接的にしかできません．他の粒子による影響を遮蔽するため地下深くに置かれた実験施設が必要です★．

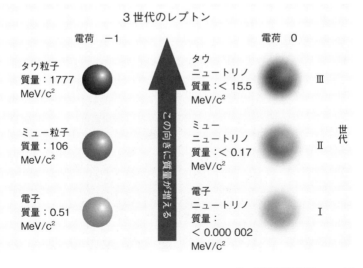

3　素粒子物理学　　45

46 ダークマター

　これまで物理学は大きく進歩してきましたが，宇宙の目に見える物質全部あわせても宇宙全体の質量ないしエネルギーのたった 4.9%でしかないことがわかったのは衝撃的なことでした．残りは全く正体不明で，そのかなりの部分はダークエネルギーで，宇宙全体の 26.8%ほどはダークマターであることがわかっています．いずれもダーク（暗黒）という名がついているのは，見ることができない，つまりいかなる種類の電磁波も発したり吸収したりしないためです．したがって，ダークマターは重力によってのみ検知でき，銀河のはずれにある星の動きや銀河団の端にある銀河の運動に影響を与えることからその存在を知ることができるだけです．

　ダークマターの正体は何らかの素粒子だと考えて，ニュートリノがその最有力候補にあげられていたこともありました．しかし，宇宙空間にニュートリノが多くあると銀河などの構造が作られないため，現在では否定されています．それにかわるダークマターの候補としては，質量が大きくほかの物質との相互作用が弱い粒子でないといけないことがわかったので，これを冷たい「WIMPs」（弱い相互作用をする質量のある粒子の頭文字）といいます．しかし，その正体は依然，謎のままです[★]．

重力レンズは銀河団のような大きな質量の物体によって光の進路が曲げられる現象です．銀河団内にダークマターが多くあると，重力レンズ効果がより大きくなるので，ダークマターを直接観測できる数少ない手段の一つになっています

47 電荷

　粒子の電荷とは，電場や磁場に対する感受性あるいは粒子が電磁場と相互作用する強さの指標です．エネルギーや運動量が保存されるように，粒子同士が相互作用する前後で系全体の電荷は保存されます．電荷は量子化されていて，その値は離散的であり，電気素量 e（＝電子の電荷の大きさ）を単位としてその整数倍です．ただし，クォークの電荷は e を単位としてその分数倍（2/3 または －1/3）です．素粒子の電荷は「標準模型」（42 参照）によって定まっています．

　電子は負の電荷をもち，陽子や陽電子（「反電子」）は正の電荷をもちます．他方，電気的に中性の粒子もあり，たとえばニュートリノはそれ自体電荷をもたず，中性子などは構成するクォークの電荷が打ち消し合って電荷をもちません．

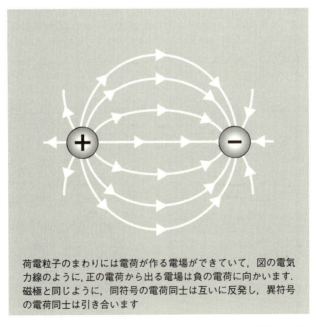

荷電粒子のまわりには電荷が作る電場ができていて，図の電気力線のように，正の電荷から出る電場は負の電荷に向かいます．磁極と同じように，同符号の電荷同士は互いに反発し，異符号の電荷同士は引き合います

48 角運動量

　角運動量とは，物体が自分の中心を通る軸のまわりに，または自分以外の点を中心として回転するときの「回転の運動量」，つまり，地球の自転や公転に相当します．

　角運動量のうち公転に対応するものが「軌道角運動量」l で，原子や分子の中心のまわりでの回転運動に起因し，$l = r \times p$ と表されます．r と p はそれぞれ位置と運動量の演算子（95参照）です．

　自転に対応するものが「スピン角運動量」s（単にスピンとよばれます）です．しかしスピンは物理的な自転を表すものではなく，量子状態を表す演算子の一種です．しかも，あたかも粒子は自転しているかのようにスピンに伴って磁気モーメント（50参照）をもつのです．スピンにはそれぞれの粒子の種類に固有の値が定まっています．電子の場合スピン量子数は 1/2 です．

　2種類の角運動量 l と s のベクトル和 $j = l + s$ は全角運動量とよばれます．

スピン磁気量子数 $-\frac{1}{2}$（下向きスピン）

スピン磁気量子数 $+\frac{1}{2}$（上向きスピン）

粒子のスピンはコマのような実際の回転を表すものではありませんが，自転をしていると考えると便利です．たとえば電子のスピン量子数は 1/2 で，（上から見て）右まわりと左まわりの自転方向はそれぞれスピン磁気量子数 $-\frac{1}{2}$ と $+\frac{1}{2}$ とに区別されます

49 カイラリティとパリティ

　カイラリティ（キラリティ，対掌性などともいわれます）とは鏡映変換したとき，状態や波動関数の像と元のものとの対称性の関係です．図の二つのアミノ酸分子は，左手と右手のように互いに鏡像関係にあります．このような分子は互いにカイラル（キラル，対掌体）であるといいます．ただし，水の分子H-O-Hの場合などでは，鏡像が自分自身と重なるのでカイラルとはいいません．

　カイラリティは左巻きと右巻きに分類され，素粒子物理学では重要です．たとえば，左巻きのフェルミオン（電子など）または右巻きの反フェルミオン（陽電子など）だけが，弱い力によって相互作用できます．

　パリティは空間反転（$r \rightarrow -r$）に伴う対称性です．たとえば，空間反転で波動関数が全く同じであればパリティは正であり，符号が逆転するようなときはパリティは負です．たとえば，32の電子の波動関数で，1s（$l=0$）や3d（$l=2$）の波動関数は空間反転で符号は不変なのでパリティは正です．他方，2p（$l=1$）や4f（$l=3$）などでは符号が逆転し，パリティは負です．

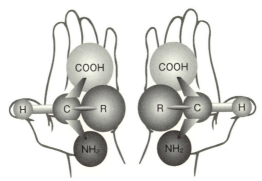

図はアミノ酸の模型で，カイラリティをもち，左手系と右手系とは重なりません．素粒子もこれに似た仕組みでカイラリティをもち，左巻きと右巻きの違いがその振る舞いに影響を与えます

3　素粒子物理学

50 磁気モーメント

電子などの荷電粒子が円運動して軌道角運動量をもつと円電流が流れることによって磁場が生じます（6参照）．電子の軌道角運動量によって小さな磁石ができているのです．他方，電子はスピン角運動量をもつので，自転による固有の円電流が生じて磁場ができ電子自体を小さな磁石とみなすことができます．このような電子の磁石は「磁気双極子モーメント」とよばれます．これは通常の棒磁石と似ています．棒磁石の「磁気双極子モーメント」の強さは，N極とS極の磁力の大きさと両極間の隔たりの距離を掛けたものとされています．電子の「磁気双極子モーメント」の強さは軌道角運動量やスピン角運動量に比例し，向きは反対向きです．

「双極子」という用語は，電子の磁気モーメントにはN極とS極の2つの極があることを意味しています．大統一理論などでたとえばN極だけから生じる単極の「磁気単極子モーメント」の存在が理論的に予言されているのですが，宇宙にはその存在がまだ見つかっていません．

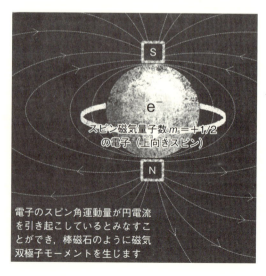

スピン磁気量子数 $m_s = +1/2$ の電子（上向きスピン）

電子のスピン角運動量が円電流を引き起こしているとみなすことができ，棒磁石のように磁気双極子モーメントを生じます

51 スピン軌道相互作用

　電子が原子核のまわりをまわるとき，電子から見ると原子核が回転しています．その回転によって生じる磁場 B が電子のスピン磁気モーメント（48参照）と相互作用します．これはスピン軌道相互作用とよばれ，原子のスペクトル線に次のような影響を与えます．

　電子のスピンによる磁気モーメント（スピンと逆向き）の方向が，上に示した軌道運動による磁場 B と同じ向きのときは，スピン軌道相互作用がないとしたときに比べて電子のエネルギーが下がります．逆向きのときは上がるため，わずかに離れた2つの準位に分かれて，関係するスペクトル線が分裂します．これを微細構造といいます．

　じつは，もう一つ別のスピン軌道相互作用があります．原子核のスピンがもつ磁気モーメントと，電子の軌道運動による磁場との相互作用です．この場合スペクトル線にごく小さなエネルギーの分裂が生じて，「超微細構造」とよばれます．

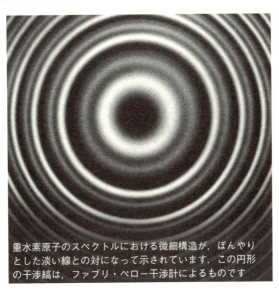

重水素原子のスペクトルにおける微細構造が，ぼんやりとした淡い線との対になって示されています．この円形の干渉縞は，ファブリ・ペロー干渉計によるものです

52 フェルミオン／フェルミ粒子

　素粒子や原子の構成粒子について様々な分類方法があります．たとえば，バリオン，レプトン，中間子という類型で分類する方法があります．他方，粒子の性質であるスピンで分類することもできます．この場合，半整数のスピン（1/2, 3/2, …）をもつ粒子はフェルミオン（フェルミ粒子）として分類されます．フェルミオンには，クォークも含まれます．3個のクォークから構成されるスピンが 1/2 または 3/2 のバリオン（44参照）もフェルミオンです．レプトンは 1/2 のスピンをもつのでフェルミオンです．全体で奇数個のクォークで構成される奇数質量数の原子核も半整数のスピンをもつのでフェルミオンです．

　フェルミオンという名称はイタリアの物理学者エンリコ・フェルミにちなみます．フェルミオンの統計的振る舞いはフェルミ＝ディラック統計とよばれます．そのうちでも最重要な性質は，フェルミオンは必ずパウリの排他原理に従うことです（35参照）．

レプトン（スピン 1/2）			
記号	フレーバー*	質量（MeV/c^2）	電荷
ν_e	電子ニュートリノ	<0.000 002	0
e	電子	0.51	−1
ν_μ	ミューニュートリノ	<0.17	0
μ	ミュー粒子	106	−1
ν_τ	タウニュートリノ	<15.5	0
τ	タウ粒子	1777	−1

クォーク（スピン 1/2）			
記号	フレーバー*	質量（MeV/c^2）	電荷
u	アップクォーク	2.3	+2/3
d	ダウンクォーク	4.8	−1/3
c	チャームクォーク	1275	+2/3
s	ストレンジクォーク	95	−1/3
t	トップクォーク	173,000	+2/3
b	ボトムクォーク	4180	−1/3

＊：レプトンとクォークのそれぞれ 6 つの種類の名称

53 ボソン／ボース粒子

　ボソンつまりボース粒子はその名をインドの物理学者サティエンドラ・ナート・ボースによっていて，ボース＝アインシュタイン統計という名称の統計にしたがうことでも知られます．

　ボソンは整数スピン 0, 1, 2, … をもち，パウリの排他原理に従わないので，同一の量子状態に複数個が入れます．このため，いわゆる「ゲージボソン」といわれるボソンは，空間のいたるところに存在して，4 つの基本的な力（電磁気力，強い力，弱い力，そして重力）を媒介し，粒子間の相互作用そして物質の形成に寄与しています．

　ゲージボソンには，電磁力の場合には光子，強い力にはグルオン，弱い力にはWボソンとZボソン，それに重力の場合にはその存在が仮定されているグラビトンの4種類があります．その他のボソンとしては中間子（44 参照）があり，2 個のクォークからできていて，スピンは 0 または 1 です．さらに，ヘリウム 4（2 個の陽子と 2 個の中性子，したがって 12 個のクォークからなり，スピンは 0 です）のような偶数質量数の原子核もボソンの仲間です．

電弱力（128 参照）				
記号	名称	質量 (GeV/c^2)	電荷	スピン
γ	光子	0	0	1
W$^+$	W$^+$ボソン	80.39	+1	1
W$^-$	W$^-$ボソン	80.39	−1	1
Z^0	Z^0 ボソン	91.188	0	1

強い力（59 参照）				
記号	名称	質量 (GeV/c^2)	電荷	スピン
g	グルオン	0	0	1

ヒッグス場（57 参照）				
記号	名称	質量 (GeV/c^2)	電荷	スピン
H	ヒッグスボソン	126	0	0

3　素粒子物理学

54 ボース＝アインシュタイン凝縮

　ボソンはパウリの排他原理に従わないので，同じ量子状態のエネルギー準位を占める個数には制限がありません．この場合多粒子系の統計的な性質はボース＝アインシュタイン統計とよばれます．1920年に，アルベルト・アインシュタインとサティエンドラ・ナート・ボースはこの事実から奇妙な結果が導かれることを示しました．

　アインシュタインは，ボソン気体を絶対温度で数度まで冷却すると何が起きるかという疑問を抱きました．そのとき，すべてのボソンが最低のエネルギー準位を占有する状態を提唱しました．そのときの物質の様態はボース＝アインシュタイン凝縮と名づけられています．

　実験室で凝縮体が生成されたのは1990年代で，その奇妙な振る舞いが目に見える尺度で示されました．たとえば，ヘリウム４のボソン気体を絶対温度２度まで冷却すると，超流動体として摩擦抵抗なく動き始めます．ボースは，凝縮体が他にも多くの奇妙な性質をもつことを示しました．たとえば，凝縮したボース気体を光のパルスが通過するとき，光が極端に減速し，さらに光子を静止させる可能性をも示しました（172参照）．また，凝縮体をかき回すときの渦はいつまでも回転を続けます．

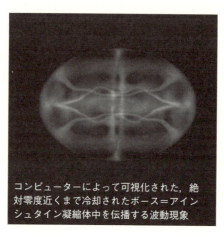

コンピューターによって可視化された，絶対零度近くまで冷却されたボース＝アインシュタイン凝縮体中を伝播する波動現象

55 大型ハドロン衝突型加速器

　新種の素粒子を見つけるために，物理学者たちはこれまでに素粒子同士を超高速で衝突させる巨大な装置をいくつか建設してきました．これは高いエネルギーによって，自然界にはふつう見られない短寿命の粒子を出現させるものです．粒子加速器のうちで最大のものはジュネーブ郊外のスイスとフランスの国境にあるセルン*の大型ハドロン衝突型加速器（LHC）です．

　周長約 27 キロにわたって掘られた環状地下トンネルに通された管の中を高速のハドロンビームが進み，管に沿って並べられた 1625 個の超伝導磁石によってビームの軌道を曲げたり，加速したり，焦点を合わせたりします．陽子，重い原子核，帯電したイオンなどからなる 2 つの粒子ビームがそれぞれ反対方向に回り，光速近くまで加速されたあと，互いに 13 兆 eV ものエネルギーで衝突します．年間で何 100 兆回もの衝突がおきますが，その様子はリング周囲にある巨大な測定器をもつ実験施設で記録されます．

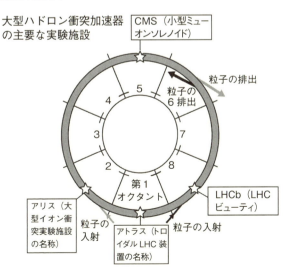

大型ハドロン衝突加速器の主要な実験施設

3　素粒子物理学

56 LHC による発見

　LHC（55参照）は素粒子物理学のさまざまな種類の新しい理論を検証するように設計されました．超対称性（134参照）を初めとする標準模型を拡張した理論の検証です．しかし，もっとも精力的に行われたのは，標準模型（42参照）で予言されていたヒッグスボソン粒子の探索でした．データの収集は 2009 年に LHC が運転された当初から始まり，運転のたびに，ヒッグスボソンが存在すると推測されるエネルギーの範囲は徐々に狭まっていきました．こうして 2012 年の 7 月 4 日，理論で予測された通り質量が 125 GeV から 127 GeV の範囲でヒッグスボソンが発見されたことが公表されました．

　他のいく種類かの新粒子発見とならんで，クォーク・グルオン・プラズマの生成も LHC の大きな成果の一つといえます．これは 5.5 兆度の高温で存在する物質の新たな超高密度状態のことです．加速器がより強力なものへアップグレードされれば，さらなる発見につながるのは間違いありません．

LHC の主トンネル

57 ヒッグスボソン

　弱い相互作用を媒介するWボソンとZボソンはもともと質量が0のゲージボソンですが，質量を獲得する理由は，英国の物理学者ピーター・ヒッグスによって1964年に発見されました．そのために導入された新しい量子場をヒッグス場といい，この場の振動にともなう粒子がヒッグスボソンです．ゲージボソンがヒッグス場との相互作用によって0でない質量を獲得する現象をヒッグス機構といいます．これは，大勢の人が参加しているパーティ会場に人気者の有名人が入ってくると，その人をまわりの人々が取り囲んでなかなか会場内を進むことができないことに似ています．動きにくくなったのは有名人の質量が大きくなったためというわけです．

　ヒッグス機構にはまだ解明すべき多くの謎があります．クォークやレプトンなどの素粒子もヒッグス場との相互作用で質量を獲得しますが，それらの間になぜ大きな較差があるのかは，とても重要な問題です．

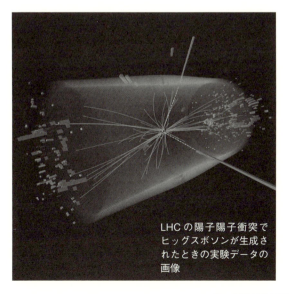

LHCの陽子陽子衝突でヒッグスボソンが生成されたときの実験データの画像

3　素粒子物理学

58 電磁気力

電磁気力は重力と並んで身の回りで誰でも経験する力です．キーボードを打ったり，本のページをめくったり，あるいはドアを開けたりといったあらゆる場面で働いており，分子や原子の間の相互作用が関係しています．そのもとになっているのは，帯電した原子核と電子による電磁気力で，ことに原子の一番外側にある価電子（27 参照）が重要です．分子内で原子同士を強く結びつけ，さらに固体を形成するのにも電磁気力は関わっています．それだけでなく，分子同士のゆるやかな結合であるファン・デル・ワールス力にも関わっており，ラップフィルムがものに貼り付くのも，ヤモリが壁や天井から落ちないでいられるのもこの力によるものです．

標準模型では他の基本的な力と同様，電磁気力もゲージボソンが担っていて，この場合には光子のことです．光は電磁波の一種なので，光の量子である光子が電磁気力に関与するということは理解できるでしょう．光子の質量は0であり，理論的には電磁気力は無限に遠くまで及びます．

ヤモリは脚にあるラメラという微細な構造に働くファン・デル・ワールス力（電磁気力に起因する分子の間に働く力）を使って，驚くほどなめらかな表面でも登ることができます

59 強い力

　陽子や中性子を結びつけて原子核をつくっている核力は「強い力」ともよばれます．原子核のサイズ程度の短い距離（1 m の 1000 兆分の 1，これを fm〈フェムトメートル〉といいます）の範囲内では，正電荷の陽子同士に働く電気的な反発力よりも核力の方が強いため，このようによばれます．複数の陽子がばらばらにならず原子核としてまとまっていられるのはそのためです．パイ中間子の交換によって生じますが，陽子や中性子以外のバリオン同士にも強い力が働き，それはパイをはじめとする各種中間子の交換によるものです．

　バリオンや中間子はクォークが集まってできているので，核子間の強い力はクォーク間に働く力がもとになっています．この力はクォーク同士が遠ざかるほど強くなるという，他の力には見られない不思議な性質があり，そのためクォークが単独で観測されることはありません．標準模型ではこの力はゲージボソンであるグルオンの交換によるものと考えられています．

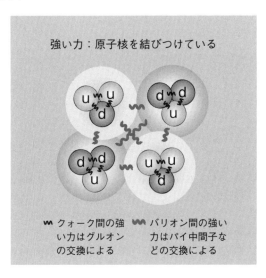

(60) 弱い力

弱い力がそのような名前でよばれるのは，本質的に弱いということではなく，ごく短距離でしか作用しないためです．力の到達範囲は交換する粒子の質量に反比例するため，質量が大きなWボソンやZボソン（(53)参照）の交換によって生じる弱い力は，到達範囲が短いのです．

弱い力が最初にみつかったのは，原子核の中で中性子がひとりでに電子と反ニュートリノを放出して陽子になるベータ崩壊（(63)参照）という現象でした．これは中性子を構成しているダウンクォークが電子と反ニュートリノを放出してアップクォークに変わるものです．このほかに，電子とニュートリノの衝突も弱い力によって起きます．これらの反応では，パリティ対称性（(49)参照）が破れていることがわかっており，たとえば，原子核のベータ崩壊の現象は鏡に映すと同じようには見えません．また，弱い力は決まったカイラリティ（(49)参照）のフェルミオンにだけ働きます．

一般的な弱い相互作用

$d \rightarrow u + W^-$	ベータ崩壊は通常ダウンクォークがひとりでにアップクォークに変わることで中性子が陽子に変化して W^-ボソンが放出されます
$W^- \rightarrow e^- + \bar{\nu}_e$	W^-ボソンはただちに電子と反ニュートリノに崩壊します
$c \rightarrow s + W^+$	逆ベータ崩壊は W^+ボソンを放出します．たとえば，チャームクォークがストレンジクォークに変化するような場合です
$W^+ \rightarrow e^+ + \nu_e$	W^+ボソンは陽電子（反電子）とニュートリノに崩壊します
$e^- \rightarrow e^- + Z^0$	中性カレント相互作用は，加速器のような高エネルギーの環境で電子が Z ボソンを放出または吸収する過程で見られます
$Z^0 \rightarrow b + \bar{b}$	Z はただちにフェルミオンとその反粒子に崩壊します．図では，ボトムと反ボトムクォークに崩壊しています

61 放射能

　放射能は放射性物質が放射線を放出して崩壊する性質または過程のことであり，たとえば，天然のラドンガスや放射性炭素年代測定などに見られます．放射性崩壊は量子論的で，無作為の自発的な出来事であり，確率法則に従います．

　陽子や中性子が原子核として束縛し合うときの核力による「結合エネルギー」が十分ではなくなると，原子核は電磁気的な反発力に抗しきれず不安定になります．また，陽子数と中性子数がともに偶数の安定な原子核に変わろうとします．このような状況で，エネルギーを放出して放射性崩壊します．ヘリウムの原子核を放出するアルファ崩壊（62参照）および中性子が電子を放出して陽子に変化するベータ崩壊（63参照）によって，原子核は別の元素に変化します．それにともなって，余分のエネルギーを光子として放出するガンマ崩壊（64参照）も起こります．

　放射性崩壊は確率的な現象なので，個々の原子核がいつ崩壊するかを予言することはできませんが，全体の原子核の個数が半分に減るまでの時間，つまり半減期を計算することは可能です．

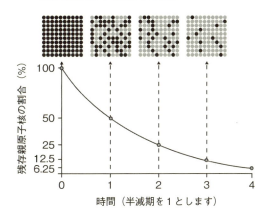

放射性崩壊による崩壊曲線．放射性親原子核の数が時間によって減少する様子

3　素粒子物理学

62 アルファ崩壊

重い元素によっては，α粒子（アルファ粒子）を放出して放射性崩壊します．α粒子とは2個の陽子と2個の中性子からできたヘリウムの原子核です．α崩壊によって元素が変化します．たとえば，ウラン238（$Z=92$）はトリウム234（$Z=90$）に壊変します．

α崩壊には，量子物理学に特有の不思議な仕組みが関わっています．α粒子が原子核の束縛を振り切って外に出るためにはおよそ25 MeV（2500万 eV）のエネルギーが必要ですが，通常α粒子の運動エネルギーは4〜9 MeVしかありません．これでは，高さが25 MeVのクーロン障壁（81参照）を越えることができないので，α粒子は原子核内にとどまったままです．しかしα粒子の波動関数を考慮すると，その裾野はクーロン障壁の外までしみだしています．つまり，障壁の外に出ていく確率は0でないのです．クーロン障壁をつき抜ける現象はトンネル効果（82参照）とよばれα崩壊の重要な仕組みです．

アメリシウム241（$Z=95$）のα崩壊

人工元素のアメリシウムはイオン化式煙感知器に（主に海外で）用いられています．崩壊時のα粒子が感知器内の空気をイオン化し，空気に電流が流れています．感知器内に煙が侵入するとアルファ粒子の進行が妨げられ電流の変化が検出され，それによって煙を感知します

ヘリウムの原子核（α粒子）
陽子2個と中性子2個

半減期 432.2 年

アメリシウム241の原子核
陽子95個と中性子146個

ネプツニウム237の原子核
陽子93個と中性子144個

63 ベータ崩壊

α粒子（アルファ粒子）の実体はヘリウムの原子核でしたが，β粒子（ベータ粒子）の実体は原子核から放出される電子（e^-）や陽電子（e^+）です．

β崩壊は中性子を陽子に，まれに陽子を中性子に変換します．陽子は2個のアップクォーク（u）と1個のダウンクォーク（d）の合計3個のクォークで構成され，中性子は1個のuと2個のdの合計3個のクォークで構成されています．$β^-$崩壊ではdはuに変換され，したがって中性子は陽子に変換され，電子（e^-）と反ニュートリノ（$\bar{\nu}_e$）が放出されます．他方$β^+$崩壊では，$β^-$崩壊に比べまれですが，uがdに変換され，したがって陽子が中性子に変換され，陽電子（e^+）とニュートリノ（ν_e）が放出されます．

β崩壊では原子核の質量数は変わりませんが原子番号Zが増減します．$β^-$崩壊ではZ→Z+1，$β^+$崩壊ではZ→Z−1のように変化します．

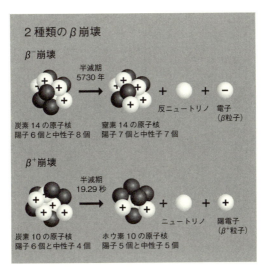

3 素粒子物理学

64 ガンマ崩壊

　原子核の α 崩壊や β 崩壊の後に残された原子核（娘核）は励起状態に
あります．引き続いて，原子における電子の励起状態（31 参照）の場
合と同じように，原子核は励起エネルギーを光子の形で放出しその基底
状態に遷移します．この光子は γ 線（ガンマ線）とよばれていて，とて
もエネルギーつまり振動数が高い電磁波です．γ 崩壊は，α 崩壊または
β 崩壊の後 10^{-12} 秒以内に急速に起こります．なかには，少し長い時
間をおいて γ 崩壊する原子核もあり，α 崩壊または β 崩壊の後 10^{-9} 秒
ほどの時間がかかるものもあります．この比較的長い寿命の γ 崩壊をす
る原子核の状態は「準安定」とよばれています．

　放出される γ 線すべてがそのまま原子の外に出るわけではなく，なか
には原子における基底状態の K 殻電子と衝突して，電子は光電効果に
よって原子の軌道から放出されることもあります．

γ 崩壊によるエネルギー損失

不安定な大きいスピン状態は
余剰エネルギーをもつ

α 崩壊または β 崩壊後の
励起状態にある原子核

γ 線＝光子の放出

γ 崩壊はほぼ即時に
起きます

ジスプロシウム 152
陽子 66 個と中性子 86 個

陽子と中性子の数は
ガンマ崩壊で不変

原子核は低いスピンをもつ
安定な基底状態に遷移

64

65 仮想粒子

　ここまで扱ってきた粒子は，寿命の長短はあれ，実在するものばかりでした．しかし，量子論ではこれとは違う幽霊のような粒子を考えることがあります．それは「仮想粒子」とよばれるもので，姿はさまざまですが，決して観測することはできないものです．そのような実在しないものを考える必要性はどこにあるのでしょうか．粒子間の相互作用は多くの場合，仮想粒子を考えると直感的に理解しやすくなります．たとえば電子には電磁場から電磁気力が働きますが，量子論で考えるときには，光子と電子の相互作用とみることができます．すると，電子同士に働く力はその間に光子が交換されることで生じると解釈できます．このときの光子は実際には観測できない仮想粒子です．同じように，クォーク同士に力が働くときに交換されるグルオンや，弱い力で交換されるWボソンやZボソンもやはり仮想粒子です．さらに，2枚の金属板に働くカシミア効果（図参照）も仮想粒子を考えるとわかりやすく理解できます．

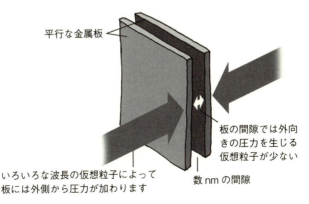

カシミア効果とは，真空中でわずかな距離を隔てて置いた平行な金属板間に働く弱い力のことです．金属板のそばではいろいろな波長の仮想光子ができていますが，板ではさまれた空間では短い波長のものだけが存在できるのが原因です

平行な金属板

板の間隙では外向きの圧力を生じる仮想粒子が少ない

いろいろな波長の仮想粒子によって板には外側から圧力が加わります

数 nm の間隙

66 ラムシフト

　原子内にある電子のエネルギーは，ボーア模型にもとづく波動方程式で計算する（30参照）と主量子数（28参照）だけで決まります．一方，相対性理論を考慮したディラック方程式（79参照）によると，主量子数が同じでも全角運動量の値に応じてエネルギーにはわずかな差が生じ，これを微細構造といいます．ところが，さらに詳細な実験により，同じ主量子数，同じ全角運動量であっても，軌道角運動量の値によってエネルギー準位にずれを生じることがわかりました．1947年にこれを実験で発見したウィリス・ラムの名前をとって，ラムシフトとよばれています．

　ラムシフトを理解するには，電子と相互作用する電磁場の量子論（124参照）が必要でした．それにもとづく慎重な検討ののち，実験結果を数値的に説明できることがわかりました．これにより，量子場の理論の正しさはゆるぎないものとなり，のちに量子電磁力学の発展へとつながったのです．

> ボーア模型にもとづく量子力学の扱いでは，同じ主量子数の状態にある電子のエネルギーは縮退（33参照）していますが，相対論を考慮したディラック方程式では微細構造が生じます．さらに場の理論を考慮するとラムシフトが生じますが，これは微細構造の10分の1ほどの大きさでしかありません

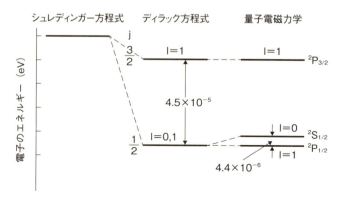

67 真空のエネルギー

2本のガンマ線を互いに反対方向から照射すると,物質が何もない真空から電子陽電子対をつくることができます.これはガンマ線のエネルギーによって,電子の場の変動が激しくなったからです.場の変動は電子や陽電子として観測されるので,電子陽電子対が生成されたというわけです.ところが,ガンマ線が照射されなくても真空から電子陽電子対が生成されることがあります.ただし,これらの粒子対は消滅過程も伴っているため,粒子対が直接観測されることはありません.つまり仮想粒子(65参照)なのです.そのようなことが可能なのはハイゼンベルクの不確定性原理(83参照)によって,真空状態であっても電子の場が変動し,すべての場所でエネルギーを厳密に知ることはできないからです.このことを,真空からエネルギーを借りて仮想粒子が生成されたと表現します.宇宙空間の量子論的変動により,時空にはとても小さなサイズの「量子泡」とよばれるゆらぎが作られていると考える研究者もいます.

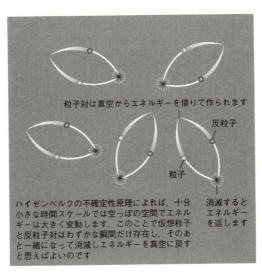

粒子対は真空からエネルギーを借りて作られます

反粒子

粒子

消滅するとエネルギーを返します

ハイゼンベルクの不確定性原理によれば,十分小さな時間スケールでは空っぽの空間でエネルギーは大きく変動します.このことで仮想粒子と反粒子対はわずかな瞬間だけ存在し,そのあと一緒になって消滅しエネルギーを真空に戻すと思えばよいのです

3 素粒子物理学

4 波動関数

68 波動＝粒子の世界

　粒子は波動のように振る舞うということは，いったいどういう意味でしょう．粒子は，海の波や空気を伝わる音波といった物理的な波ではありません．粒子の波としての性質は，粒子の位置や運動量がもつ確率分布を示しているのです．粒子の存在確率を表す波動性を考えることにより多くの事柄が理解できるのです．たとえば，レーザー光線（光子）や電極から射出される電子線などのような，非常に多くの粒子の集団を用いた実験を行うとき，位置や運動量の値が確率的に広がりをもち，光子や電子は多数の粒子の集団として波のように振る舞うことになります．

　当然想像するのは難しく，日常生活での直感では理解しがたいことです．しかし，「波動・粒子の二重性」の影響はきわめて奥深く，たとえば，相補性（88参照），不確定性（83参照），デコヒーレンス（85参照）といった概念は微視的な世界に対する見方を根本的に変えたのです．

結晶学では，物質の微小構造を調べるのに，電子線が原子の間の隙間を通過するときの回折の様子を解析します．図は，電子線後方散乱回折法（EBSD）による単結晶シリコンの電子線回折像です

69 確率と波動関数

　波動関数は，ギリシャ文字 ψ（プサイ）などで表され，状態の確率と関係します．たとえば位置 x における波動関数を ψ とすると，粒子が x に存在する確率密度は $P=|\psi|^2$ と書けます．$|\psi|$ は関数の大きさです．

　粒子の波動は，ある媒質の波を表すのではありません．粒子の波動関数は粒子の存在確率を示し，関数の山や谷が大きいほど確率が大きくなります．このことは，量子物理学では粒子の性質が確率で決まることを示します．微視的な粒子の世界では確実なことはなにもないのです．たとえば，ここにある粒子は同時に他の場所にもあり，運動量やエネルギーについても同時にいろいろな値をとるといえます．

　波動関数には解釈のしかたがいくつかあります．たとえば，コペンハーゲン解釈（24参照）では，観測によって波動関数が1つの解の状態に「収縮」するものとされます．他方，多世界解釈（140参照）では，あらゆる解の一つひとつに対応した世界が，並行宇宙のどこかに存在するものとされます．

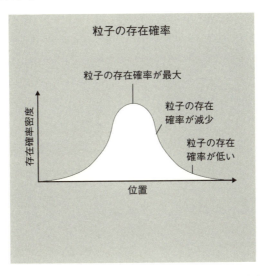

4　波動関数

70 コペンハーゲン解釈 II

　コペンハーゲン解釈（24 参照）が量子物理学解釈の唯一の方法ではありませんが，何十年にもわたって解釈の最も基本として通用してきました．ある意味で，これはたぶんほとんど想像力を要しない解釈でもあります．なぜなら，波動と粒子の二重性については「見たとおり」として，さらに深い意味を考えることはいっさい否定してしまうからです．

　コペンハーゲン解釈では，粒子の波動関数が測定できる性質のすべてであり，つまり，粒子の性質はすべて波動関数の示す確率によって定まるとされます．この点について，アルベルト・アインシュタインが反論し，「神はサイコロを振らない」と述べたことは有名です．

　コペンハーゲン解釈では，粒子は，実際には波動でもあり同時に粒子でもあるとは言っていません．ただ，実験が波動の観測（たとえばヤングのスリット実験，17 参照）を意図していれば波動性が見られ，粒子を観測する実験では粒子性が検出されると言っているのです．

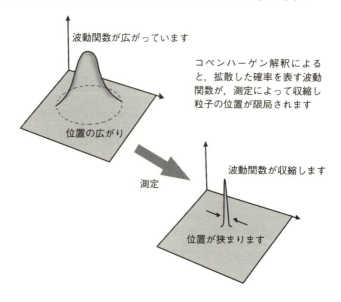

71 量子的確率

量子論でいう「確率」とは何をさしているのでしょう．図のような曲線を考えます．横軸は粒子の位置 x を示し，縦軸は粒子が x に存在する確率つまり確率密度 $P(x)$ を表します．ここで，粒子の波動関数を $\psi(x)$ とすると，$P(x) = |\psi(x)|^2$ です．

確率密度の山の上端部は粒子の存在確率が大きいことを表し，そこから外れると減少して存在確率が小さくなります．粒子は必ずどこかにいますから，$P(x)$ の和あるいは積分値は1になります．

もし電子ビームをスリットに当てたとします．ほとんどの電子はまっすぐに確率の高い経路を直進しますが，一部の電子はスリットで広がって波動のような確率分布を示します．

量子力学的な確率は，たとえば原子核のα崩壊などの崩壊現象でのトンネル効果（82参照）の起きる仕組みにもなっています．

1次元の箱の中に束縛された粒子の確率密度関数．粒子のエネルギーに対応して山，谷の数が異なっているさまざまな関数になります．ちょうど，バイオリンの弦の調和振動の様子と似ています

エネルギーの低い粒子

粒子の存在確率が大きい

エネルギーの高い粒子

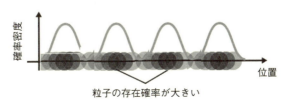

粒子の存在確率が大きい

72 ボルンの規則

　量子力学では，たとえば粒子の位置や運動量がある値になる確率は，波動関数の絶対値の 2 乗で与えられます．これは 1926 年に物理学者マックス・ボルンによって見いだされたもので，ボルンの規則とよばれています．

　波動関数の絶対値を 2 乗するという，一見とても単純な操作によって確率が計算できてしまう理由については，量子力学を多少学んでみても，十分に納得できる説明はなかなか見つかりません．ボルンの規則が量子物理学にとって基本的な原理であることを思えば，この単純さは実に不思議なものであり，かつ深遠なものだといえます．

　量子的な性質の理論的な予測を，実験での測定値と結びつけることができるのは，ボルンの規則の恩恵なのです．

$$P(x,y,z) = | \psi(x,y,z,t_0) |^2$$

確率密度関数　　　　　　　　　　　　　時刻 t_0 での波動関数

73 量子状態

　原子や素粒子の問題では多くの量子数が関与していて，複雑な波動関数を扱う中で，量子系の性質をできるだけ単純に表すことは重要な問題です．それに対して「量子状態」という用語は，位置，運動量，あらゆる量子数を含めたすべての情報をまとめて表現できる便利なものです．

　量子物理学は本質的に確率に支配されるので，量子状態は前述したようなすべての性質のすべての可能な値の確率分布を表します．たとえば，原子核のまわりのクーロン障壁による「ポテンシャルの井戸」に束縛されたα粒子（アルファ粒子）を考えると，その波動関数は障壁の外までしみ出しています（81参照）．この場合，α粒子の波動関数が表す量子状態は，α粒子が原子核内に存在することと，トンネル効果でポテンシャル障壁の外に出ていることのいずれの状態も含んでいます．このような「二重人格」とでもいえる状況が，量子物理学のもっとも奇妙な性質の一つといえます．

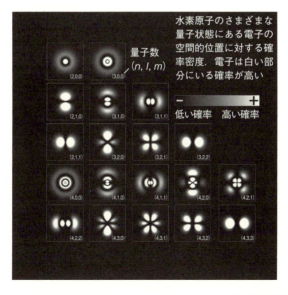

水素原子のさまざまな量子状態にある電子の空間的位置に対する確率密度．電子は白い部分にいる確率が高い

4　波動関数

⁷⁴ 重ね合わせ

　ある量子状態は，波動方程式のいろいろな確率分布をもつ解の足し算つまり重ね合わせになっています．それぞれの解の波動関数がすべて重なり合っている様子を考えてみます．1つの解の波動関数は山や谷をもっていますが，もし，すべての波動関数の山は山同士，谷は谷同士で重なっているとすると，互いに強め合って増幅されます．逆に，山と谷が重なり合ったとしたら，互いに弱め合って振幅が小さくなります．互いに強め合う干渉や弱め合う干渉は，音波などの日常的な波の干渉でおなじみの現象です．

　しかし，量子系では重ね合わせパターンはいくぶん異なった特徴をもちます．量子の波は媒質の振動による波ではなく，増幅といっても確率が大きくなるのです．たとえば，ある粒子がある位置に存在する確率が大きくなるのであって，2つ以上の量子状態を表す波動関数の重ね合わせによって，別の量子状態が得られます．

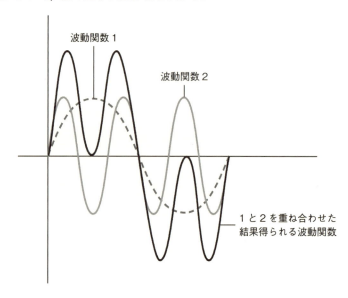

75 シュレーディンガーの波動方程式

　量子力学の概念の多くは非常に抽象的であり，文章や図によって表現することは難しいのですが，数式を用いると容易に表現することができます．量子力学の最も重要な概念としてシュレーディンガーの波動方程式があります．その方程式は物理学者エルヴィン・シュレーディンガーによって1926年に定式化され，当初，原子内の電子の量子状態を記述するために用いられました．その後，今日まで宇宙そのものを含めて任意の規模の量子系に対して適用されています．

　シュレーディンガー方程式には，時間に依存しない形式（定常状態にある粒子に適用されます，図参照）と，時間に依存する形式（時間とともに運動する粒子に対して適用されます，92参照）の2つがあります．方程式の核心はシュレーディンガーによって考え出された波動関数の概念です．この方程式と，その結果の見方であるコペンハーゲン解釈によって，波動関数は粒子の運動に対する可能な最善の記述だといえます．

時間に依存しないシュレーディンガー方程式（位置 x による1次元の例）

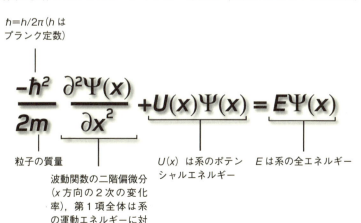

$\hbar = h/2\pi$（h はプランク定数）

$$\frac{-\hbar^2}{2m}\frac{\partial^2 \Psi(x)}{\partial x^2} + U(x)\Psi(x) = E\Psi(x)$$

粒子の質量

波動関数の二階偏微分（x 方向の2次の変化率），第1項全体は系の運動エネルギーに対応します

$U(x)$ は系のポテンシャルエネルギー

E は系の全エネルギー

4　波動関数

76 調和振動子

おもりを糸で吊るしたおなじみの振り子は，古典力学での調和振動子の例です．空気抵抗や摩擦などの抵抗がないと仮定すると，振り子は一定の振動数と振幅を保って永久に振動します．多くの物理現象には振動が見られ，このように理想化された数学モデルが頻繁に用いられます．

量子論での調和振動子は，理想化された古典力学的な振り子の量子力学的な類似物で，二原子分子の重心を中心とした振動など，きわめて広範囲の量子系に応用されます．量子的な調和振動子では，ひもやバネの先端に固定された重りの運動を波動関数で表します．そのため，重りは振動の限界を超えて存在することができます．その運動は量子化され離散的なエネルギー準位をもち，1つのエネルギー準位には1つの振動数が対応し，量子状態に対応した波動関数で記述されます．

77 特殊相対性理論

　アインシュタインの特殊相対性理論は，物体の「相対論的」速度，つまり光速に近い速度での運動を扱います．その場合，常識では理解できないような効果が生じます．アインシュタインによると，観測者がどこにいても，どれだけの速度で移動していても，光は常に不変な速さ約29万9800 km毎秒で進みます．この驚くべき事実から，物体は他にも多くの物理的に奇妙な振る舞いを示します．

　たとえば，静止している観測者からは，相対論的な速度で動く時計は遅れて見え，運動している物体の長さは短く見えます．質量とエネルギー等価の式 $E = mc^2$（22参照）によると，物体の速度が上がるほど質量 m が増大して，光速に近づくと無限に大きくなることが導かれます．

　特殊相対性理論は量子物理学に対しても影響します．量子の世界においても粒子の速度が光速に近づくときに，相対論的な方程式が必要になるのです．

宇宙船が地球に対して高速で運動するとき，宇宙飛行士が宇宙で過ごす時間を地球上の観測者が測ると，わずかにゆっくりと経過します

4　波動関数

78 クライン＝ゴルドン方程式

　特殊相対性理論では，物理的な物体や情報の伝達などあらゆる物は光速を超えて伝わることができないという黄金律があります．量子物理学そのものにも多くの奇妙な重要事項がありますが，それにもまして，光速を超えられないことは破ることのできない重要な規則であり（アインシュタインの因果律ともよばれます），相対論的な量子論に要請される最大の問題なのでした．

　シュレーディンガーの波動方程式は非相対論的です．シュレーディンガー自身が粒子の波動方程式を相対論的に発展させようとしましたが，スピンを考慮しないためデータと一致せず公表を見合わせました．その後，多くの物理学者がたとえばヒッグスボソンのような，スピン０の粒子の相対論的な波動方程式を検討しました．そして，スウェーデンのオスカル・クラインとドイツのヴァルター・ゴルドンが作った方程式は解の波束が光速を超えない条件を満たすものでした．これはクライン＝ゴルドン方程式とよばれています．ところがその解には確率解釈ができないという致命的な欠点がありました（79参照）．

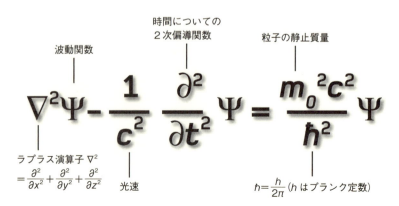

79 ディラック方程式

クライン=ゴルドン方程式が扱うのはスピン0の粒子です．しかし，その解では確率解釈ができないため，粒子の相対論的な波動方程式を表していませんでした．

1928年にイギリスのポール・ディラックがこの問題を解決しました．ディラックによる波動方程式はスピン1/2の粒子に用いることができ，クライン=ゴルドン方程式とは異なり，相対論的に水素原子のエネルギー準位を求めることができるのでした．確率解釈が可能な相対論的な波動方程式ができあがったのです．

ところが，クライン=ゴルドン方程式でもそうでしたが，ディラック方程式の解には，正のエネルギー解だけではなく，通常の量子論では現れないはずの負のエネルギー解も含まれます．

さいわい，ディラックはこの一見無意味な解が重要な意味をもつことを示しました．単に負のエネルギーをもつ粒子ではありません．負のエネルギー準位を満たした粒子が励起することで空孔ができます．その空孔が「反物質」（80参照）を表します．

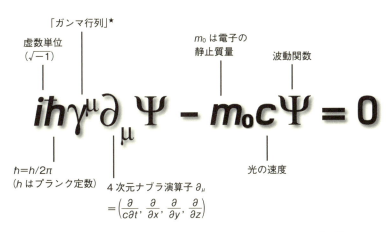

4 波動関数

80 反物質

　ポール・ディラックが 1928 年にディラック方程式を発見するまで，反物質の概念はまったく未知でした．実験で反物質が発見されたのは 1932 年の陽電子が最初でした．今日では，標準模型（42 参照）におけるすべての粒子が，同質量で反対の電荷をもつ反粒子をもつことがわかっています．電子の電荷を −1 とすると反粒子である陽電子は +1 の電荷をもちます．反粒子で構成される「反原子」や「反分子」の存在が可能であることも証明されています．

　粒子と反粒子が衝突すると「対消滅」し，2 個の高エネルギー光子が放出されます．反物質はきわめて稀で，大型ハドロン衝突型加速器（LHC，ジュネーブ郊外）では毎年たかだか 10 億分の 1 g の反物質が生成されるにすぎません．反物質が稀である理由は誰も知りませんが，ところがそれが好都合だったのです．もし，身近に物質と反物質が同じだけあったとすると，対消滅によって宇宙には物質が存在しないことになります．

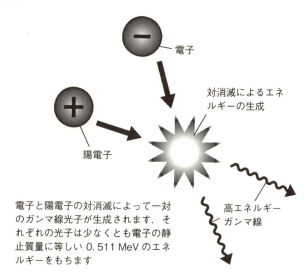

電子と陽電子の対消滅によって一対のガンマ線光子が生成されます．それぞれの光子は少なくとも電子の静止質量に等しい 0.511 MeV のエネルギーをもちます

81 クーロン障壁

　量子論では不思議なことに，粒子がある時点である場所にいて，次の時点で全く異なる場所に瞬時に移動できます．たとえば，重元素の原子核内にあるヘリウム原子核（α粒子）が，量子論的なトンネル効果（82参照）によって障壁を通って抜け出しアルファ崩壊（α崩壊）します．ここでは，この障壁について説明します．

　α崩壊の壁は「クーロン障壁」とよばれ，2つの原子核間に働く核力と静電力によるポテンシャルです．α粒子と鉛などの重い原子核は接近するときには核力による引力の効果でα粒子は核内にとどまりますが，核力が及ばないくらい離れるとクーロン力によって斥力になりα粒子は原子核に近づくことが妨げられます．クーロン障壁の高さはおよそ26 MeV（＝2600万eV）です．

　古典物理学では，α粒子の運動エネルギーはこれより低いので，障壁を越えられません．2個の原子核が原子核融合反応するような場合も，クーロン障壁を越えられるような十分大きい運動エネルギーが必要です．

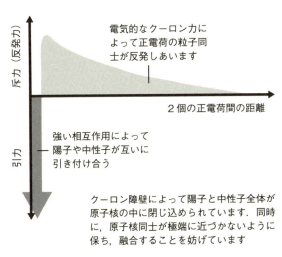

4　波動関数　　81

82 量子トンネル効果

　原子核間のクーロン障壁を乗り越えるには2つのしかたがあります．
　1番目は，ポテンシャルの山より大きい運動エネルギーによって越えることです．しかしそのエネルギーは大きく，100億度ほどの極端に高い温度が必要です．そのような高温は，軽い星の中心においてでも実現できません．それでも，水素の原子核同士が融合してヘリウムの原子核が生成される陽子陽子連鎖反応で放出されるエネルギーで星は輝いているのです．
　したがって2番目のしかたのトンネル効果が重要になります．量子力学では波動関数がクーロン障壁を越えてしみ出していて，原子核内のα粒子が外側に飛び出したり，2個の原子核同士が障壁の内側に貫入して核融合が起きたりすることが可能なのです．α粒子に対するクーロン障壁の大きさは原子核によって異なり，α崩壊の寿命は数百万分の1秒から数十億年にわたりさまざまです．

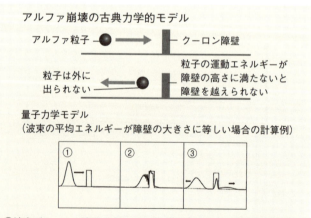

①波束がクーロン障壁に向かいます．②障壁に衝突し確率分布密度が障壁の外にはみ出しています．③反射波が左へ，透過波が右に進みます．障壁内の波束は障壁の壁で反射と透過を繰り返し減衰します[出典：L. I. Schiff, Quantum Mechanics, McGraw-Hill, 1968]

83 ハイゼンベルクの不確定性原理

　量子物理学では，波動関数が事象の確率を表すということが曖昧な印象を与えます．ヴェルナー・ハイゼンベルクが，粒子の位置と運動量を同時に正確に知ることは不可能だということを発見しました．位置と運動量のうちの一方をより正確に知るほど，逆に他方は正確に測定できなくなるのです．ハイゼンベルクはこれを「不確定性原理」とよびました．これは測定装置や測定法による誤差の問題ではなく，粒子の波動関数のもつ根本的な原理なのです．

　粒子の位置を正確に定めるとき，その波動関数は狭い範囲に局在する波束で表されます．ところが，局在範囲が狭くなるほど，多くの波長の波動関数の重ね合わせになります．運動量は波長に反比例するので，運動量が定まりにくくなります．逆に運動量つまり波長をより正確に測定したとすると，波動関数の空間的な広がりがより大きくなるので，粒子の位置がより曖昧になります．

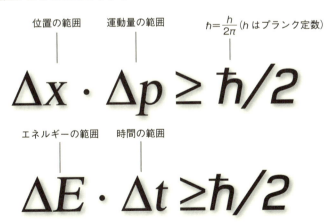

不確定性原理．量子的に相補的な二つの量（位置と運動量，エネルギーと時間など）を測定によって同時に正確に定めることは不可能です

84 不確定性原理の実際

　ハイゼンベルクの不確定性原理は日常においても利用されています．たとえば，磁気共鳴画像（MRI）では，スピン励起に用いられるラジオ波の振動数（エネルギー）と時間の関係が利用されます．MRI サンプルにおけるあるスライス面内の核磁化だけを励起させるために，ある範囲の連続な振動数のラジオ波を照射する必要があります．そのためにパルスは対応する照射時間幅をもつ必要があります．パルスの振動数幅と時間幅は反比例の関係にあり，これは不確定性原理の現れです．

　他にも重要な方面で利用されています．原子の電子軌道サイズと運動量の大きさに適用すると，原子の大きさの程度を求めることができます．

　原子において，反対の電荷をもち互いに引き合う電子と陽子が，実際には一体になることはありません．これは，電子が原子核に近づきすぎると，電子の位置が狭くなり，運動量の不確定性が大きくなるためです．

　量子トンネル効果も不確定性原理の現れです．

　仮想粒子（65参照）の存在も真空のエネルギーにおける不確定性によっています．

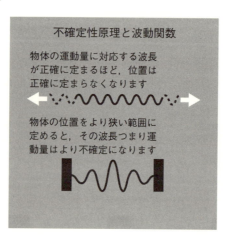

85 量子デコヒーレンス

　量子系のある一つの性質，たとえば電子のエネルギーや陽子の位置を測定して性質がある値に定まるとき，重ね合せ状態にある波動関数は崩壊または収縮する，あるいは量子系の干渉性が崩壊するといわれます．しかしこれは誤解を招く表現であって，測定によって粒子はけっして波動性を失うわけではありません．この効果はデコヒーレンスとよばれ，1970年にH・ディーター・ゼーによって提起されました．

　ゼーは，測定装置の波動関数が粒子の波動関数と接触すると干渉しあい，粒子の波動関数がある状態に収縮することによって詳細な測定が可能になる，と主張しました．

　巨視的な物体は外環境の波動関数と持続的に接触しているため，波動関数の収縮は急速に起きます．このため，日常の規模で量子的なデコヒーレンスを目にすることはありません．今では，量子コンピュータや量子通信においてデコヒーレンスを制御する技術の開発が急がれています．

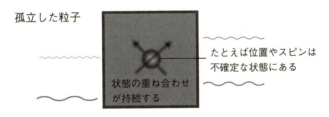

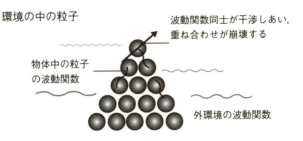

4　波動関数

86 シュレーディンガーの猫

量子物理学においてシュレーディンガーの猫ほど奇妙なものはありません．エルヴィン・シュレーディンガーは1935年に猫の思考実験を考え出し，コペンハーゲン解釈（24参照）がいかに不合理かを示しました．図のように，猫つまり巨視的な系が生と死の状態の量子的な重ね合わせ状態にあると想定します．箱の中に置かれた放射性物質が崩壊したかどうか，いつ崩壊したか，外にいる観測者には知ることができません．シュレーディンガーによると，観測者が箱を開けてみるまで，猫は生きていると同時に死んでもいるのです．

シュレーディンガーはそのような状況は直感的に不合理であることを示したかったのです．しかし，「意識ある観測者」が中を見ることによって波動関数の収縮が引き起こされるという，コペンハーゲン解釈の極端さを紹介しただけになっています．他方，ニールス・ボーアはたとえばガイガーカウンターや猫も広い意味で巨視的な系であり，それとの相互作用によっても，箱が開けられる以前にすでに波動関数の収縮が引き起こされると考え，相互作用の定義についての議論を深めました．

猫が入った箱に鍵をかけます．外から中は見えません．中には少量の放射性物質がおいてあり1時間に量子的崩壊する確率は50%だとわかっています．放射性崩壊が起こったかどうかはガイガーカウンターが放射線を計測することでわかります．放射性崩壊すると毒薬が箱に充満して猫が死ぬようになっています

87 シュレーディンガーの猫の検証

　シュレーディンガーの猫の思考実験を実際に実行することはあまり意味をもちません．というのも，封をされた箱の中での重ね合せ状態自体を見ることはできないのですから．しかし，科学者はその背景にある原理を別の方法で検証して，シュレーディンガーの疑念に反して，コペンハーゲン解釈は事実を反映していることを示しました．

　その仕掛けは，量子系を波動関数の重ね合わせ状態におくことです．猫の実験でいえば，猫が生きていることと死んでいることの2つの状態の重ね合わせです．

　猫のような大きな量子系の重ね合わせに成功した人はいませんが，実験では光子やベリリウム原子などの粒子にとどまらず，およそ 10^{13} 個の原子からなる（圧電物質から作られた）音叉でさえも振動状態の重ね合わせ状態にすることができています．

　その重ね合わせの実験によって，宇宙は最小のスケールでは実際に確率によって支配されていることを示すことができたのです．

理論と観測のいずれも，量子的なサイズでは系が観測を受けるまで波動関数は重ね合わせの状態を維持するという考えを支持しています

したがって課題としては，なぜ波動関数が収縮するのかを説明すること，そしてなぜ不確定性原理が猫や巨視的な物体では適用できないのかという理由を説明することです

4　波動関数

88 相補性

　量子力学における相補性とは，コペンハーゲン解釈を主導したニールス・ボーアによって提唱された哲学的な概念です．波動性と粒子性は1枚のコインでいえば表と裏であり，互いに相補性をもっています．電子が波動（粒子）として振る舞うことを観測するとすれば，それは実験装置が波動（粒子）を観測できるように設計されているからなのです．測定することによって，電子の波動関数はある1つの波動関数に収縮します．粒子の波動性と粒子性両方を考慮することなしに，粒子の性質をすべて理解することはできません．

　粒子性と波動性の間の相補性は，運動や測定についての決定論的記述と確率論的記述という相補的な概念と結びついています．

　他方で，不確定性原理によって制限される2つの量，たとえば位置と運動量は互いに相補的な量であり，互いの不確定性が制限しあいます．エネルギーと時間，角運動量と角度も互いに相補的な量です．

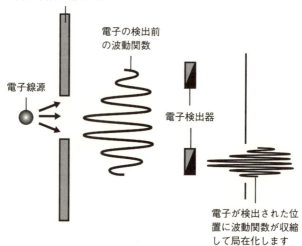

5 量子物理学の用語

89 量子物理学と数学

あらゆる物理学と同様，量子の領域も本質的に数学による研究対象です．科学理論は事実を記述するだけですむものではなく，観測結果の解釈や予想には数学的な基礎が要求されます．これまで見てきたように，量子物理学は古典物理学とは根本的に違って，量子物理学独自の数学，特有の方程式を必要とします．常識で理解できないような新しい概念でも，数学を用いることによってその意味がはっきりとしてきます．

残念ながら，量子力学で用いられる数学は難解です．量子力学の意味を完全に説明できる数学体系を構築するには，1920〜30年代の最高レベルの科学的な考え方を必要としました．本書でそのすべてを説明することは無理ですが，それでも，数学的ないくつかの手法と専門用語にざっと目を通すだけでも，量子力学的な振る舞いを数量的に把握でき，実際に起っている事をより深く洞察することができるようになるはずです．

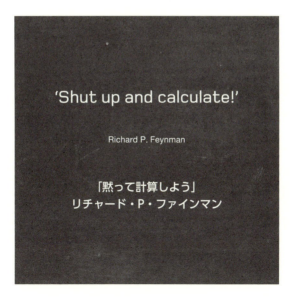

⑩ 行列とは何か

　「行列」は，量子物理学だけでなくさまざまな研究分野に用いられている数学ツールです．行列は行（横の列）と列（縦の列）に数字が並んだ表です．図に示した例は行と列が同じ個数ずつあるので正方行列とよばれます．行と列の個数が異なっていてもかまいません．並んでいるそれぞれの数は要素または成分とよばれます．

　行列には演算が定義されています．たとえば，同じ次元（行と列の個数がそれぞれ同じ）の行列同士の加法や減法は，それぞれの要素同士の加法や減法になります（図の上段参照）．

　行列の乗法（積）は，第1の行列の列の個数と第2の行列の行の個数が同じである場合に計算できます．第1の行列の各行と第2の行列の各列について，それぞれの要素の積の和を計算することで，行列の積が求まります（図の下段参照）．

行列の加法

$$\begin{bmatrix} 1 & 0 & 2 \\ 2 & 1 & 3 \\ 3 & 2 & 1 \end{bmatrix} + \begin{bmatrix} 2 & 1 & 3 \\ 2 & 3 & 1 \\ 1 & 3 & 2 \end{bmatrix} = \begin{bmatrix} 3 & 1 & 5 \\ 4 & 4 & 4 \\ 4 & 5 & 3 \end{bmatrix}$$

行列の乗法

$$\begin{bmatrix} 1 & 2 \\ 3 & 4 \end{bmatrix} \times \begin{bmatrix} 5 & 6 \\ 7 & 8 \end{bmatrix} = \begin{bmatrix} (1\times5)+(2\times7) & (1\times6)+(2\times8) \\ (3\times5)+(4\times7) & (3\times6)+(4\times8) \end{bmatrix}$$

$$= \begin{bmatrix} 19 & 22 \\ 43 & 50 \end{bmatrix}$$

91 行列力学

　1920年代，量子物理学者たちは奇妙な波動・粒子の二重性を数学的に表現するためのアイデアを求め苦闘していました．電子軌道を調和波または正弦波として表すヴェルナー・ハイゼンベルクの理論を，さらに発展させようとしていたマックス・ボルンが1つの解決策を見出しました．ハイゼンベルクは電子の量子跳躍（励起）の計算を行っていたのですが，それには多くの乗法を含む面倒な方程式を扱う必要がありました．そこで，ボルンはこの長い乗法は行列を用いることによって極めて扱いやすくなることに気がつきました．行列の要素の計算が電子のスペクトル線のエネルギー計算を楽にしました．

　しかし，ボルンの「行列力学」による手法は極めて不評でした．1920年代のほとんどの物理学者には，行列は数学の中で風変わりなものと捉えられていました．行列力学は電子軌道を表すには抽象的で奇妙な方法に見えたのです．結果的に，シュレーディンガーの波動方程式（75参照）のほうが，粒子の量子的振る舞いを記述しやすかったのです．

量子物理学への行列力学的方法を確立したフリードリッヒ・フント，ヴェルナー・ハイゼンベルク，マックス・ボルンの3人は1966年にドイツ，ゲッティンゲンでの会議で再会しました

5　量子物理学の用語

92 波動力学

シュレーディンガー方程式は行列力学とは違った手法で量子力学を定式化します．粒子の波動性に注目した方程式を解いて，系の量子状態，粒子の分布状態を定める波動関数を求めます．シュレーディンガー方程式の体系は物質の波動性を記述するので波動力学ともいわれます．方程式は，古典力学におけるニュートンの第2法則である「運動の法則」（$f=ma$ つまり力は質量と加速度の積）を量子論的に対応させたものです．

シュレーディンガーの波動方程式は，一般に時間による変動を決める方程式で，図に示されている形に書けます★．ここで，i は -1 の平方根で「虚数単位」，$\hbar$ はプランク定数 h を 2π で割った数 $\left(\hbar=\dfrac{h}{2\pi}\right)$，$\Psi$ は波動関数（69参照）です．$\hat{H}$ はハミルトニアン演算子で量子系の全エネルギーを表します（96参照）．

時間に依存するシュレーディンガー方程式
（r：位置ベクトル，t：時間）

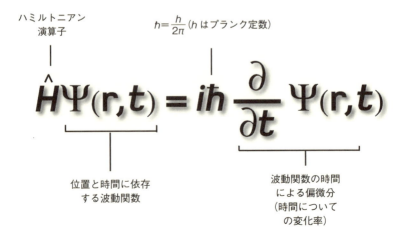

93 ヒルベルト空間

　速度や加速度などのベクトルは，大きさと向きをもつ数学的な量です．2次元ベクトルは xy 平面すなわち2次元のユークリッド空間である平面上に図示することができます．無限次元や任意次元のベクトルを考えようとすると x，y 成分の代わりに座標成分は無限個または任意個あります．このような空間は数学者ダフィット・ヒルベルトの名前からヒルベルト空間とよばれます．ヒルベルト空間では，次元数にかかわらず内積が定義されていて，したがって距離や角度も定義されます．

　古典力学であつかうベクトル空間は3次元です．量子力学では位置や速度だけではなく，たとえば無限個の解成分をもつ粒子の波動関数が得られ，波動関数の集合はヒルベルト空間の要素を構成します．

　このように，量子力学ではヒルベルト空間は基礎的な概念として重要な役割を果たします．

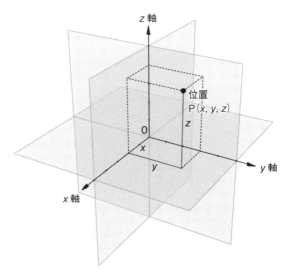

ヒルベルト空間の例．位置が3つの直交軸による座標で表される3次元空間．距離が定義され，たとえば $OP=\sqrt{x^2+y^2+z^2}$ と書けます

5　量子物理学の用語

94 変換理論

 量子力学の理論は,ハイゼンベルクによる行列力学（91参照）とシュレーディンガーの波動方程式（75参照）という異なる2つの形式で構築されましたが,どちらも同じ計算結果を与えます.

 行列力学の中心問題は,定常状態で,位置 Q と運動量 P であらわされたハミルトニアン行列 $H(Q, P)$ を対角化する固有値問題です.それに対して微分方程式であるシュレーディンガーの波動方程式を解くことによっても固有値問題が解かれます.

 行列力学では状態ベクトルは時間的に一定で,演算子が時間発展する「ハイゼンベルク表示」になっています.他方,波動方程式では状態ベクトルが時間発展して,演算子は時間的に一定で「シュレーディンガー表示」とよばれます.

 変換理論は行列力学の結果と波動方程式の結果の同等性とその理論的な基礎を明らかにするもので,ディラック（図参照）は両形式を,ヒルベルト空間における「変換」という概念によって統一したのです.

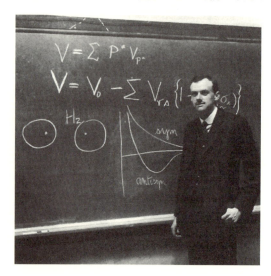

95 量子演算子

　古典的なニュートン物理学ではエネルギー，速度，運動量，位置などの量は実数で定義されています．たとえば，速度 40 km 毎時で走る自動車の運動エネルギーは質量によって決まっており，ある時刻での位置はきちんと定まります．

　他方，粒子の波動性とハイゼンベルグの不確定性原理について見たように，原子や素粒子のサイズになるとそのような量を正確に定めることができません．そのかわり，量子力学ではこれらの量は「演算子」として定義されていて，量子力学の数学的基礎を形作っています．

　演算子が量子状態の組に作用すると，別の量子状態の組に変換されるという関数としての性質があります．

　ハミルトニアン演算子（96 参照）の確率的な期待値は量子系の全エネルギーの予測値を与えます．位置の演算子の期待値は，位置の予測値を与えます．

観測可能量		演算子記号
名称	記号	
位置	r	$\hat{r}$
運動量	p	$\hat{p}$
運動エネルギー	T	$\hat{T}$
ポテンシャルエネルギー	$V(r)$	$\hat{V}(r)$
全エネルギー	E	$\hat{H}$
角運動量	J	$\hat{J}$

5　量子物理学の用語　　95

96 ハミルトニアン演算子

　量子力学において最も重要な演算子の一つがハミルトニアン演算子（通常ハミルトニアンといいます）です．この演算子は，量子系の全エネルギーに対応するものです．1粒子の場合のハミルトニアンは，粒子の運動エネルギー（運動量と質量で表される式）とポテンシャルエネルギー（力の場における位置のエネルギー）の和で表されます．ハミルトニアンは原子核の周りを運動する複数の電子といった多粒子系のエネルギー準位を求めるときにも利用されます．

　ハミルトニアンという名称は，19世紀アイルランドの物理学者ウィリアム・ハミルトンによっています．

　時間に依存するシュレーディンガー波動方程式（92参照）において，ハミルトニアンは中心的な働きをします．波動の時間的な変化はハミルトニアンを用いて表すことができるからです．

　また，時間に依存しないシュレーディンガーの方程式（99参照）はハミルトニアン演算子の固有値を求める方程式であり，その解は定常状態のエネルギー準位を与えます．

97 経路積分

すでに見たように、二重スリットによる電子回折の奇妙な干渉現象（17参照）は、波動・粒子の二重性を示しています。つまり、1個の電子は波のように2本のスリットを同時に通過することができます。これは粒子なら1本の道筋を通るという古典的な軌道の概念に反しているのです。粒子の波動関数は確率分布を表していて、それは1個の粒子がさまざまな軌道を同時に通るということが可能なことを意味しています。

ある時刻に点Aを出発して、そのあとの時刻に点Bにいる確率はどのように定まるのでしょうか。波動としての粒子の経路は不確定で、AからBまでの可能な経路は無数に存在し、たとえば宇宙全体を横切って元にもどる経路さえ考えることができます。20世紀でもっとも優れた学者の一人であるリチャード・ファインマンは、ポール・ディラックによって考え出された方法を発展させて、波動関数を計算する独特の計算方法を思いつきました。ファインマンによるこの「経路積分」法では、「作用関数」という量に関連する数式をAからBまでのすべての可能な経路について加え合わせることを経て、Bにおける波動関数を求める方法です。

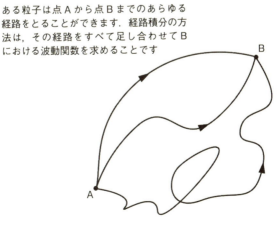

ある粒子は点Aから点Bまでのあらゆる経路をとることができます。経路積分の方法は、その経路をすべて足し合わせてBにおける波動関数を求めることです

5 量子物理学の用語

98 ファインマン・ダイアグラム

　方程式や計算が煩雑なとき，図が助けになることがよくあります．量子力学的な相互作用を表現するのに，リチャード・ファインマンは図を用いる強力な方法を開発しました．その図はファインマン・ダイアグラムとよばれます．たとえば，相互作用する粒子の伝播は直線で表され，相互作用する点は頂点（バーテックス）とよばれ，頂点で交換されるゲージボソンである光子，グルオン，W^+ボソンとW^-ボソンなどは波線で表されます．ゲージボソンの交換のあと粒子は継続して直線で表されます（図の上段参照）．

　また，図の下段のファインマン・ダイアグラムは，光子と粒子の相互作用を表す例を示しています．直線は電子を，波線は光子を表し，それらが頂点で交わります．光子を吸収した電子は瞬間的に励起され（仮想状態），横方向の直線で表されています．その電子は，再び光子を放出してエネルギーを失います（図の下段参照）．

　　2個のフェルミオンの相互作用

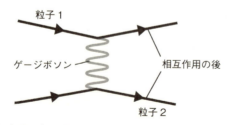

　電子と光子の相互作用

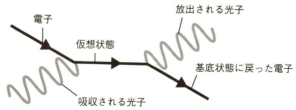

99 固有関数

　ある演算子が波動関数に作用すると波動関数の形状が変化し，その表す確率の値が変化します．

　しかし，演算子が波動関数に作用した結果，波動関数自体が変化せず定数倍になることがあります．この状態は固有状態とよばれ，その定数を「固有値」，その波動関数は「固有関数」とよばれています．

　固有関数の例は，時間に依存しないシュレーディンガー方程式 $H\Psi_i = E_i\Psi_i$ に見ることができます．E_i は固有値（固有エネルギーとも言われます）であり，束縛状態の場合は離散的な値を表し，$i=1, 2, \cdots$ がそれぞれの状態を区別します．i 番目の固有値をもつ状態の波動関数 Ψ_i が固有関数です．

　ハミルトニアン演算子に限らず，任意の演算子 Q に対して，離散的な固有値，固有関数をもつことがあります．それぞれの固有値と固有関数は量子数，たとえば上述した $i=1, 2, \cdots$ などによって区別されます．

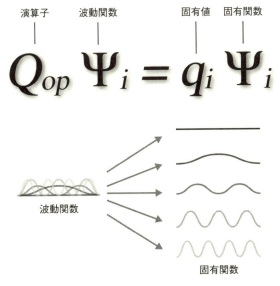

100 対応原理

　量子力学は微小な世界の物理であり，量子的な振る舞いは日常の巨視的で古典力学的な振る舞いとは大きく異なっています．しかし，適当な大きさのところで量子力学と古典力学が重なるような領域があるはずです．そのような領域では，量子力学による計算結果と，対応する古典力学的な計算結果が一致するはずです．

　このことは「対応原理」とよばれ，ニールス・ボーアによって発展させられました．それによると，量子系の量子数が十分大きいとき，量子力学による計算結果は古典力学による計算によって近似できるというものです．この考え方は，量子力学だけではなく自然科学全般において，新しい理論は古い理論をも説明できる必要があるという考え方の基礎にもなっています．たとえば，アインシュタインの一般相対性理論は，ニュートンの重力の法則を説明できなければならず，両者の詳細な予測がきちんと合致していなければいけないのです．

調和振動子（76参照）の振る舞いは，量子力学と古典力学でまったく異なりますが，量子数 n が大きくなりエネルギーが高くなると両者の振る舞いは近づきます

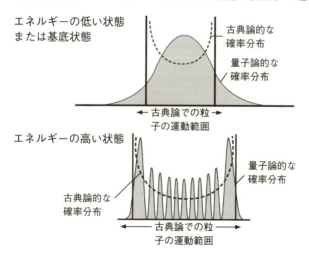

101 量子論と古典論の境界

　量子力学は微小な世界の物理学であり，日常の巨視的な世界で量子力学的な振る舞いを見ることはできません．たとえば，まわりの人間や自動車，建物などの位置と運動量は同時に正確に測定できます．それでは，対応原理が成り立つ境目はどのあたりでしょうか．物体を徐々に大きくしたときに，量子力学的な性質はどの程度の大きさまで続くのでしょうか．

　量子力学的挙動をテストするには，二重スリット実験が第一に挙げられます．粒子の大きさを徐々に大きくして，干渉縞がどの段階で消えるのでしょうか．1999 年時点で波動性を示す最大の分子は約 1 nm の幅をもつ C_{60} フラーレン（図参照）でした．2019 年時点ではそれより約十倍程度大きいオリゴポルフィリンという分子で波動性が示されています．限界についてはわかっていませんが，数百 nm の長さをもつウィルスを用いた実験が提唱されています．これが波動性を示せば，注目すべき結果になりそうです．

サッカーボールの形をした 60 個の炭素原子からなる分子，炭素 60 は C_{60} フラーレンとも呼ばれています．切頂 20 面体のかたちです．波動・粒子の二重性を示します

5　量子物理学の用語

⑩2 摂動論

　調和振動子や水素原子の問題ではシュレーディンガー方程式を解いてエネルギー準位を正確に求めることができます．しかし，このようにうまくいく場合はまれで，問題が少し複雑になると，たちまちシュレーディンガー方程式を正確に解くことができなくなります．

　摂動論は，実際のハミルトニアンが，単純な調和振動子や水素原子などのハミルトニアンからズレている分，つまり摂動項を近似的に取り入れる方法の一つです．それには，まず単純な系のハミルトニアンに関する解のエネルギーと波動関数が正確にわかっているとします．次に実際のハミルトニアンに含まれる摂動項について，正確にわかっている波動関数を用いて摂動項の大きさを計算して，エネルギーや波動関数への摂動項の影響を求めることができます．その計算方法を摂動論といいます．

　摂動論による計算としてシュタルク効果が有名です．水素原子などに電場を加えたとき軌道電子の運動が受ける影響です．エネルギー準位の縮退が解けて，いくつかの副エネルギー準位に分裂します（図参照）．

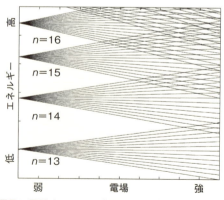

水素原子に電場をかけると主量子数nごとに縮退したエネルギー準位が多くの副エネルギー準位に分裂します．これはシュタルク効果といわれる現象で，摂動論の適用の好例です

6 量子物理学と宇宙

103 宇　宙

　科学であつかうすべての話題の中で，最大の謎は宇宙の起源についてではないでしょうか．宇宙はどのようにして始まったのか，時間の経過とともにどのように進化してきたのか？　それ以前に何かが存在したのか，また，あとには何か残るのか？　他にも宇宙はないのか，もしあるとしたら，それは地球上の生命にとってどんな意味があるのか？　などの疑問が次々に湧いてきます．

　大昔から，神話や言い伝え，宗教などがこれらの疑問に対して答えようとしてきました．しかし，科学がそうした議論に加わるようになったのは比較的最近のことに過ぎません．それは，宇宙の深奥を巨大な望遠鏡で探ったり，量子物理学が支配する極微の世界を加速器によって顕微鏡のようにのぞいたりできるようになってからのことなのです．そんな中でわかってきたのは，ミクロな世界の量子効果が巨大なスケールである宇宙に影響を与えているということです．宇宙の始め，ほんのわずかな時間しか経っていない時に生じた量子ゆらぎの気まぐれな波によって，宇宙の行く末が決まったともいえるでしょう．

104 ビッグバン

　ビッグバン理論の発見は，宇宙が広がりつつあるという観測事実（111参照）がきっかけでした．今も拡大し続けているのなら，過去にはもっと小さかったはずで，現在の観測可能な宇宙にあるすべてのものは，138.1億年前まで遡ると，空間内の一点に集まります．そのときから宇宙の歴史が始まったのです．

　ビッグバン理論はともすれば，宇宙がどのようにして誕生したのかを説明するものと思われがちですが，実は宇宙誕生の直後に起きたことを説明する理論に過ぎません．この時期の宇宙には，物質がとてもぎっしりと詰まっていて，温度は10^{32}度を超えていました．そのような想像もできないような灼熱の火の玉宇宙がどのように進化して現在の観測されるような宇宙になったのかを説明するのがビッグバン理論です．ただし，誕生したばかりの宇宙は，量子物理学と一般相対性理論（21参照）が融合した未知の量子重力の法則に支配されていたはずです．ビッグバンが生じたのも，ランダムな量子ゆらぎによって，宇宙のエネルギーが突然うまれては消えるということが繰り返された結果かもしれません．

138.1億年前
ビッグバン

38万年後
宇宙の晴れ上がり
（106参照）

1億年後
星と銀河が形成
され始めます

ビッグバン理論が説明するのは，宇宙が始まったあとの，量子物理学が支配する熱く密な状態にある物質がどのようなものであったのかということです．そのため，現在の宇宙のいろいろな特徴を理解するのに，量子物理学が重要な役割を果たしています

105 量子ゆらぎ

　誕生直後の宇宙には，原子どころか原子核も，クォークも，およそ物質のもとになる粒子は存在していませんでした．ただエネルギーだけがあったのです．いたるところで量子的なゆらぎができていて，生まれたばかりの小さな宇宙全体にエネルギー密度のランダムな変動をもたらしました．これが，最終的には物質の大規模な分布を生み出し，現在の宇宙に見られるような銀河団や超銀河団が形作られたと考えられています．

　アインシュタインの有名な式 $E=mc^2$ は，質量とエネルギーがいわばコインの裏表であることを表しています．宇宙が膨張して冷えるにつれ，もとあったエネルギーの大部分は物質へと姿を変え，粒子が多く生み出されました．したがって，エネルギー密度が最大の領域では物質の密度が最大になったと考えられるのです．もし宇宙初期の量子ゆらぎがなかったとすると，エネルギーと物質は空間内で広くうすく均等に分布し，そのため，星や惑星，さらに銀河などが形成されることもなかったはずです．

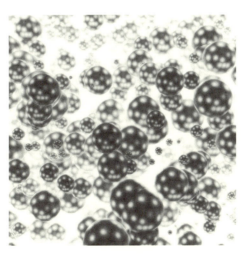

6　量子物理学と宇宙

106 宇宙マイクロ波背景放射

　宇宙の誕生から 38 万年の間，宇宙は原子核と自由な電子が混ざったプラズマの海で満たされていました．その中を進もうとする光子は，電子とひっきりなしに衝突し，ちょうど霧の中を照らす電灯の光と同じように広がってしまって真っ直ぐ進むことはできませんでした．しかし，宇宙が膨張して温度がさがり，電子が原子核に捕らえられて原子が形成されるようになると，もう光は電子に邪魔されることなく，宇宙空間内を真っ直ぐ進むことができるようになりました．宇宙を見通せるようになったのです．

　これを宇宙の晴れ上がりといいます．この直前に宇宙に満ちていた熱放射の光は，それ以後吸収散乱されることなく取り残されました．そして，その後の宇宙の膨張によって波長が伸び，現在では，電波の一種であるマイクロ波ほどの長さまでになっています．空の全方向からほぼ一様にやってくるのが観測され，それを背景として恒星や銀河は前景にあるので，宇宙マイクロ波背景放射（CMBR）とよばれています．精密に調べるとわずかに一様性からのずれがあり，これは晴れ上がりの時代にあったわずかな温度ゆらぎを表しています．

この細かな地図は NASA の WMAP 衛星によって撮影された CMBR で，ところどころに見られる温度と密度のゆらぎは，宇宙の幼少期に生じた量子ゆらぎがもとになっていると考えられています

107 銀河の誕生

　宇宙マイクロ波背景放射にはところどころ一様性からのわずかなずれが見られます．これは宇宙のごく初期にあった量子ゆらぎによるものですが，やがて銀河形成の種にもなりました．これによって宇宙のあちこちでエネルギー密度差が生じ，宇宙が冷えてエネルギーが物質へと凝縮するにつれて，不均一な分布がもたらされたのです．平均より密な領域は周りに対してより強い重力をおよぼすため，その領域に向かって周りの物質が引き寄せられ，宇宙にはちょうど蜘蛛の糸が張り巡らされたような構造がつくられました．それは数百万光年の長さにわたって物質がフィラメント状に集まり，広大な空隙をとり囲むものです．その宇宙の蜘蛛の糸は，現在の宇宙に数百個から数千個の銀河からなる銀河団の分布を形作ったのです．さらに多数の銀河団が並んで，鎖状もしくは壁状の宇宙最大の構造ができています．宇宙において私たちの近くに見えるすべてのものは，宇宙初期の量子ゆらぎの結果であり，膨張する宇宙にとり残されたものと考えられています．

コンピュータシミュレーションによれば，銀河や銀河団は初期宇宙のダークマター（46参照）が集まった近くに形づくられたことが示されています．ダークマターが蜘蛛の糸状に分布するのは，ビッグバン直後の量子ゆらぎの直接の帰結なのです

6　量子物理学と宇宙

108 宇宙の地平線問題

　望遠鏡で観測できる宇宙の限界を「宇宙の地平線」といいます．この範囲内にある天体の発した光だけが，いま私たちのところまで届いて観測できます．宇宙の地平線は現在 465 億光年の距離にありますが，宇宙が誕生してから 138 億年なのに，地平線がこれほど遠くにある理由は，宇宙が膨張しているためです．たとえば最も古い銀河から 130 億年前に光が放たれたあと，その銀河はさらに私たちから遠ざかってしまっているのです．宇宙の地平線より遠くにある天体からの光も，今後十分な時間が経過すれば私たちのところまで届くはずなので，地平線までの距離は宇宙の年代とともに変化します．たとえば宇宙の晴れあがりの時代の地平線の距離は現在よりもはるかに短く，それは，いま見られる天球上の角度にして数度の広がりでしかありませんでした．

　宇宙空間の 2 点が互いの地平線の範囲外にあると，互いに関係しあうことがないので，温度などが同じになる理由がありません．ところが，現在観測される宇宙背景輻射は，天球上で晴れ上がりの時代の地平線をはるかに越えた広い範囲にわたってほぼ同じ温度です．理由がないのにそうなっているのは不自然というわけで，これを「宇宙の地平線問題」といいます．その解決には，宇宙のはじまりを理解する新しい理論が必要になりました．

109 インフレーション

　地平線問題を解決する画期的なアイデアは，1980年頃に何人かの天体物理学者たちによって別々に見いだされました．宇宙の地平線を越えた2点が同じように見えるのなら，それは宇宙の初期にはこれまで考えられていたよりずっと近くにあって，互いに影響を及ぼしあっていた（これを「因果的接触」といいます）からなのではないかというのです．

　このことは，宇宙誕生直後に急激な膨張によって宇宙の大きさが劇的にふくれあがったと考えることで可能になります．この理論の提案者の一人であるアラン・グースは，この急激な膨張のことをインフレーションと名付けました．インフレーションは宇宙の始まりから 10^{-36} 秒ほど経過したあとにおきました．それ以前にはごく小さい領域内でしか互いに関係がなかったのが，インフレーションにともなって地平線距離を越えるほどまでに急激に広がったのだとすれば，地平線問題は解決されるというわけです．インフレーション理論は，また，宇宙の密度のゆらぎの生成についても手懸かりを与えてくれます．宇宙初期に生じた微小な量子ゆらぎ（105参照）が急激な膨張によって観測できるサイズにまで広がったと考えることができるからです．

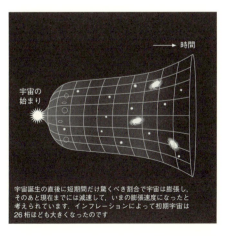

宇宙誕生の直後に短期間だけ驚くべき割合で宇宙は膨張し，そのあと現在までには減速して，いまの膨張速度になったと考えられています．インフレーションによって初期宇宙は26桁ほども大きくなったのです

6　量子物理学と宇宙

110 永久インフレーション

　インフレーション理論にはまだ未解決の問題があります．たとえば，インフレーションがどのようにして始まったのか，そしてどうやって終わったのか，についてわからないことが多いのです．

　インフレーションの間，宇宙全体は高いエネルギーの「偽の真空」で満たされていて，これが反発力となって猛烈な勢いで加速膨張をしたと考えられています．そして，偽の真空で満たされた中に，もっと低いエネルギーの真の真空状態へと「崩壊」した領域が「泡」のように発生しました．われわれがいま生きている宇宙は，その泡が広がってできた領域の一部分だとされています．しかし，インフレーション自体は永久に終わらないのかもしれません．インフレーションが継続している偽の真空で満たされた空間内では，そこかしこで崩壊が起き，真の真空領域が泡のようにたくさんつくられます．一つひとつの泡はそれぞれが膨張速度も異なった独立した宇宙なので，マルチバースとよばれます．「ユニ」バースが唯一なのに対して，「マルチ」バースは多くの宇宙から成り立っているというわけです．この考えをさらに発展させ，空間内に新たなインフレーションの領域が次々に生まれてマルチバースが増殖している可能性も考えられています．われわれの住む宇宙も，無限にある宇宙のうちの一つにすぎないのかもしれません．

111 膨張する宇宙

　宇宙は現在もまだ膨張し続けています．このことは1925年にアメリカの天文学者エドウィン・ハッブルによって発見された，遠くの銀河は地球から遠ざかっていて，しかも遠くにあるほど速い，というハッブルの法則が手懸かりになりました．ハッブルの発見以前は，天の川銀河以外に銀河があることすら知られていませんでした．「渦巻星雲」とよばれた不思議な天体は天の川銀河の一部だろうと考えられていましたが，当時，世界最大であった望遠鏡を使って，ハッブルはこの渦巻星雲に含まれる星を一つひとつ分けて観測し，それらがいずれも何百万光年もの彼方にあることを見つけました．渦巻星雲と見えたのはひとつの銀河だったのです．

　ハッブルの法則は，宇宙が膨張していると考えれば理解することができます．膨張している宇宙では，遠くにある銀河からの光は波長が引き延ばされて，スペクトル線が全体に赤い方へずれて観測されます．これを赤方偏移（図参照）といいますが，ドップラー効果と同じように，より速く遠ざかっている天体の光ほど大きく偏移します．宇宙は現在，100万光年あたり毎秒20 kmの速さで膨張しているとされています．

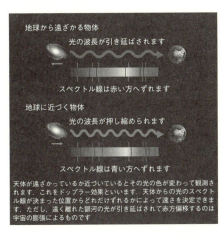

112 加速膨張宇宙

　ビッグバン理論では，宇宙が膨張するにしたがって物質が次第に薄まり膨張もゆっくりになっているに違いないと考えられていました．ところが1998年に2つの研究グループが，そうではなく宇宙は加速しているという驚くべき発見をしました．研究者たちは遠くの宇宙の膨張を調べるのに，超新星（114参照）のうちのIa型とよばれる天体からの光を探しました．その明るさから正確な距離がわかるため，赤方偏移のデータを合わせると宇宙膨張の割合を精度よく知ることができるのです．これまでの膨張速度の測定は宇宙の比較的近くにある天体のデータに限られていましたが，遠くの天体の計測によって，それらが属する銀河からの光が旅してきた数十億年にわたって，宇宙の膨張速度がどのように変わったのかがわかったのです．

　宇宙の膨張が加速しているということは，宇宙がどこからかそのためのエネルギーを得ていることを示しています．この不思議な加速要因は「ダークエネルギー」と名づけられました．

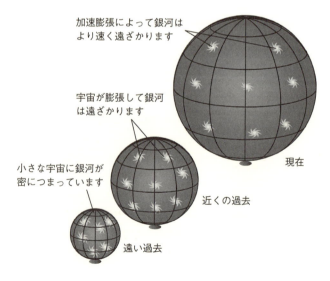

113 ダークエネルギー

　宇宙膨張を加速させるダークエネルギーの正体はいったいどのようなものなのでしょうか？　まず候補にあげられるのは,「宇宙定数」とよばれるもので, これは空間内に一定の密度でいきわたっているエネルギーが反発力をうみだすというものです. 宇宙が膨張するにつれ空間の体積は増えるので, 膨張を押しすすめるエネルギーも増えることになります. その起源として, 量子論の「真空のエネルギー」(67参照)がもっとも有力なのですが, 計算してみると, 観測される加速膨張に必要なエネルギーより 120 桁も大きいことがわかっています.

　ダークエネルギーの他の候補としては「クインテッセンス」というものもあります. これは量子場の一種で, 宇宙全体を満たしているものの, 時空の領域ごとに値が異なっていてもかまいません. クインテッセンスは引力にも反発力にもなりうるのですが, もちろん加速膨張するには反発力でなければなりません. しかし, クインテッセンスは仮説に過ぎず, そのような場が存在するという証拠はまだ見つかっていません.

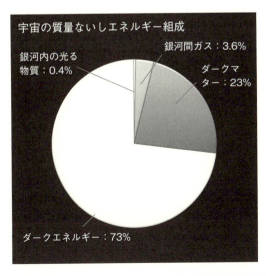

6　量子物理学と宇宙

114 星の最期

　恒星にはその最後に激しく爆発し、超新星となって華々しく最期を迎えるものがあります。超新星には大きく分けて2つのタイプがあります。一つは大質量の星が燃え尽きたときに、中心部が潰れその衝撃波が外層部を吹き飛ばしてできるものです。もう一つは、太陽程度の質量の星が燃え尽きたあとに残された小さな質量の白色矮星が、まわりから物質を吸い込んでより密度の高い不安定な状態になり、やがて爆発するものです。このタイプの超新星（Ia型といいます）では、その最大光度がほぼ決まっているので、みかけの明るさをもとに天体までの距離を計算によって求めることができます。そのため、宇宙距離の物差しとして使われ、その探索は宇宙の加速膨張（112参照）の割合を求めるのに重要なものとなっています。

　いずれのタイプでも、超新星爆発を起こしたあとには、中性子星が生まれることがあります。この星の内部は非常に高い圧力にあり、そこでは量子現象が重要な役割をしていると考えられています。

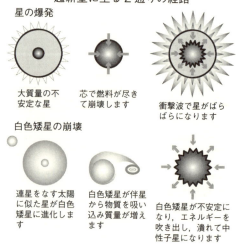

超新星に至る2通りの経路

115 中性子星

　恒星の芯は高温で，原子から電子が引き剥がされて，帯電プラズマになっています．密度が高ければ核融合反応がおき，これによって生じるエネルギーによって星は重力で潰れることなく，そのサイズを保っています．多くの若い星はこうして光っています．これに対して，燃料となる元素が尽きて核融合反応が止んでしまうと，重力によって潰れるのを支えられなくなって星は縮み，内部の密度が高くなります．星の内部で熱はつくられませんが，重くない星では，電子の「縮退圧」がそれに代わって星が潰れるのを妨げています．このような星が白色矮星です．

　星の質量が重ければ，さらに収縮してより密度の高い状態になります．すると，原子核内の陽子と電子が結合して中性子がつくられて，全体が中性子からできた天体となります．中性子は電子と同じくフェルミオンなので，パウリの排他原理（35参照）を満たし，そのため縮退圧によって重力を支えて星が潰れないでいることができるのです．これが中性子星で，太陽質量に匹敵するほどの質量が半径 10 km ほどの範囲に詰まっています．高速で回転するものは，短い周期で電磁波を放出するためパルサーとよばれ，数多く見つかっています．

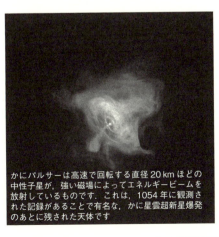

かにパルサーは高速で回転する直径 20 km ほどの中性子星が，強い磁場によってエネルギービームを放射しているものです．これは，1054 年に観測された記録があることで有名な，かに星雲超新星爆発のあとに残された天体です

6　量子物理学と宇宙　　115

116 クォーク星

　中性子星では，中性子の縮退圧のために，星は重力によって潰れないでいられます．パウリの排他原理によれば，2つの中性子は同じ量子状態を占めることができません．ある程度以上に中性子が近づくと運動量が大きくなって圧力をもたらします．これが縮退圧です．

　太陽質量の2倍程度より重い場合には，中性子の縮退圧では星の重力を支えきれず，中性子はそれを構成する粒子であるクォークへとばらばらになり，最終的に「クォーク物質」とよばれる状態になる可能性があります．クォークもまたフェルミオンなので，密度が高い状態では縮退圧が働きます．このようなクォーク物質からなる天体はクォーク星とよばれ，その存在は検証されていないので仮説の域をでませんが，それでもいくつか候補があがっています．クォーク星の存在が確かめられれば，素粒子物理学と量子物理学をテストする新たな革新的実験室になるかもしれません．

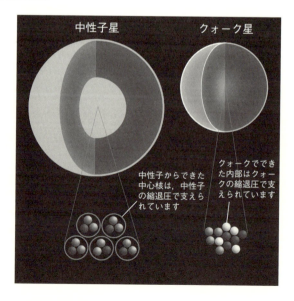

117 ブラックホール

 重い星の最期には,強い重力を中性子やクォークの縮退圧でも支えられずに,中心核の密度がほぼ無限大になるまで潰れていき,ブラックホールになることがあります.ブラックホール近辺の時空はゆがんでいて,あまりに近づくと光さえも捕らえられてしまいます.ブラックホールの中心は「特異点」といいますが,それは見えないバリアで囲まれており,「事象の地平線」とよばれています.特異点を含めて地平線内部のことについては現在のところよくわかっていません.それは量子重力理論(129参照)によって理解できるようになるはずですが,残念ながらその理論はまだ完成していないのです.

 それでも,ブラックホールは決して理論上の空想物というわけではありません.たとえば恒星と同程度の質量のブラックホールは,X線連星という天体で見つかっています.これはブラックホールと連星になっている星からガスが激しい勢いでブラックホールに流れ込み,それが放つX線を観測することでブラックホールの存在が確認できるのです.また,太陽の数百万倍をこえる超大質量のモンスターのようなブラックホールは,多くの銀河の中心で存在が確認されています.

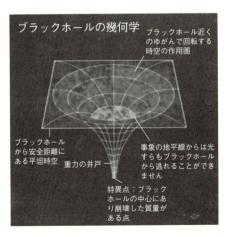

6 量子物理学と宇宙

118 ホーキング放射

　ブラックホールの事象の地平線からは，光すらも抜け出せませんが，一つだけ例外があります．1974年にスティーブン・ホーキングは，ブラックホールのそばでつくられた仮想粒子が，あたかもエネルギーをもち出すかのように観測される可能性を指摘しました．事象の地平線のすぐ外縁で生じた仮想粒子と反粒子の対のうち，負のエネルギーをもつ方がブラックホールへ落ちこむとブラックホールの質量が減り，正のエネルギーをもつ方は自由空間へと抜け出てエネルギーをもち出すというのです．この現象はホーキング放射とよばれていますが，あたかもブラックホールに温度があって，それに相当する熱放射をするかのようです．まだ観測されてはいませんが，もし本当なら，粒子が抜け出すたびにブラックホールの質量が運び出されるので，しだいに軽くなって，やがてブラックホールは蒸発することになります．

　ホーキング放射はエネルギーを運び出すものの，ランダムな放射なため情報をもち出すことはありません．すると，ブラックホールに落ち込んだ物質のもっていた情報はブラックホールが蒸発すると同時に失われてしまうことになります．これはブラックホールの情報消失問題（196参照）とよばれています．

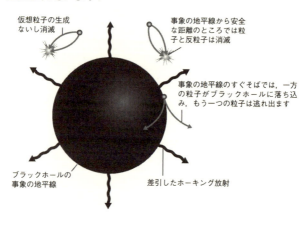

119 陽子崩壊

　現在までのところ,陽子は安定な粒子とされています.しかし,いまだに観測されたことがないとはいえ,絶対に崩壊しないと言い切れません.基本的な力の「大統一理論」(GUT ガット,123 参照)によると,陽子は半減期が 10^{34} から 10^{36} 年の間で崩壊すると予測されているのです.日本のスーパーカミオカンデという装置で陽子崩壊の探索が行われていますが,その証拠はまだ見つかっておらず,半減期は少なくとも 10^{35} 年より長いことだけがわかっています.いずれにせよ,とても長い時間であり,仮におきるとしても,ごく稀な現象であることは間違いありません.

　陽子崩壊は宇宙の行く末にも影響をもたらします.陽子が崩壊して,たとえば中性パイ中間子と陽電子(または反ミュー粒子)に分裂したとすると,パイ中間子はすぐに2個の光子へ崩壊してしまうので,物質そのものが崩壊することになります.ただし,この理論が正しいとしても,宇宙にあるすべての物質が崩壊するのは 10^{36} 年よりも先のことでしかありません.もっとも,それまで宇宙が永らえればの話ですが.

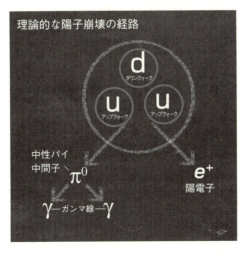

理論的な陽子崩壊の経路

6　量子物理学と宇宙

120 真空の崩壊

　宇宙がインフレーションによって膨張するときには,「偽の真空」という状態にありました. これは「準安定」なので, やがてよりエネルギーの低い真空へと遷移して, 偽の真空領域に新たな真空の領域からなる泡が発生します. これを真空の崩壊といいます. 新たな真空の泡は光速を越えて広がりながらすべてのものを飲み込んで, 宇宙は高温でほぼ一様なものとなりました. これがビッグバン理論でいう高温高密度の初期宇宙と考えられています.

　しかし, この新たな真空も「真の真空」ではないかもしれません. どの真空よりも低いエネルギーの状態が真の真空ですが, 現在の宇宙は真の真空状態にあるのではなく, やはり準安定な偽真空にすぎず, 未来のある時点で, また真空の崩壊が起きるかもしれないのです. もしそのようなことになれば, 真の真空の泡が広がるにつれて, この宇宙の構造はすべて無に帰してしまいます. 素粒子の大統一理論（123参照）によれば, 基本的な力が枝分かれするときには, その力に関わる偽の真空が崩壊したと説明されます. しかし, それらもやはり真の真空ではないとしたら, そうした真空の崩壊が宇宙の運命を決定するかもしれません.

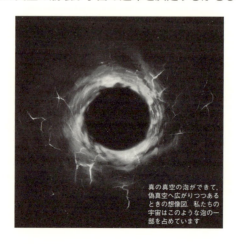

真の真空の泡ができて, 偽真空へ広がりつつあるときの想像図. 私たちの宇宙はこのような泡の一部を占めています

121 宇宙の運命

　真空の崩壊や陽子崩壊は宇宙の破滅につながるものですが，実はそれより前に，ダークエネルギー（113参照）と重力が宇宙の終わりを決めるのかもしれません．現在のままなら，ダークエネルギーによる宇宙の加速膨張が続いて，空間自体が引き裂かれる「ビッグリップ」がおきることになるでしょう．しかし，ダークエネルギーが過去に一定ではなく，やがて加速の度合いが減少するのであれば，そうした運命をたどらないで済むかもしれません．

　ダークエネルギーと競合するのは重力で，ダークエネルギーがそれほど減少せずとも，宇宙の質量による重力が勝るようになると膨張の度合いはゆっくりなものになります．やがて膨張がやむと宇宙は定常的になり，星間ガスが薄まってしまっているため新しい星は作られなくなっていることでしょう．これは「ビッグチル」とよばれるシナリオです．宇宙を膨張から反転させるくらいに重力が強いと，すべてのものが再び一緒になる「ビッグクランチ」がおき，そのときは未知の量子重力（129参照）が支配することになります．そしてそのあとは，また新しいビッグバンが点火されることになるはずです．

宇宙の最終的な運命がどうなるかは重力とダークエネルギーのせめぎあいによります．最近の観測によると，ダークエネルギーは過去数十億年にわたりだんだん強くなってきたかもしれず，その場合にはビッグチルもしくはビッグリップにいたるのが確からしいとされています

6　量子物理学と宇宙　　　121

122 ビッグバン前史

　宇宙の始まりの時期には量子論が関わっていたはずだとする立場では，ビッグバンがすべての始まりではなく，その前に起きたことを推測することができます．たとえば，永久インフレーションでは，量子ゆらぎのために，宇宙のいろいろな場所でビッグバンが次から次へと起き続けているものと考えられています．つまり，宇宙には始まりがないということになります．

　ビッグバン前史を巡るもう1つのシナリオとして，宇宙は際限なく繰り返しているかもしれないというものがあります．ただし，これが可能なのは，ダークエネルギーが徐々に減少し，かつ物質が十分にあって，重力が宇宙を引き戻すビッグクランチがおきるときに限られます．宇宙はやがて全物質と全エネルギーが圧縮されて集まり，信じられないほどの高温高密度の特異点となることでしょう．すると量子重力の法則がふたたび宇宙を支配するようになり，そのあと，宇宙にかつて起きたすべての事象が次々に繰り返されるに違いありません．ただし，観測によれば，宇宙の物質はビッグクランチとなるために必要な「臨界密度」を超えていない可能性が高く，そうであれば宇宙はやがて冷たくなっていく運命にあり，循環するシナリオは成立しないのかもしれません．

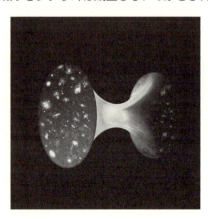

7 万物の理論

123 万物の理論

　4つの基本的な力のうち，原子核内部で働く強い力と弱い力，それと電磁気力は量子場の理論によって記述できます．そして，これら3つの力を統一する大統一理論も数多く提案されています．しかし，もう一つの基本的な力である重力を含むような統一理論は完成していません．もし，すべての力を統一する「万物の理論」があるとすれば，それによって重力まで含めた4つの基本的な力の由来を説明できるだけでなく，宇宙の構造やひいてはその起源まで理解できるのかもしれません．

　重力はアインシュタインの一般相対性理論で説明できるのですが，それを量子力学と矛盾なく記述することは簡単ではありません．重力は長距離で作用し，質量が大きければそれだけ力も強くなります．これに対して，量子力学はとても微小で軽い粒子や光子などを記述するものだからです．量子力学と重力とが同時に重要になるのは，ビッグバンのごく初期の宇宙とか，ブラックホールの内部のような極限的な状況に限られます．しかし，量子効果を取り入れた重力の理論が完成し，新しい物理学が明らかになれば，それにもとづいて革命的な宇宙像が得られることは間違いないはずです．

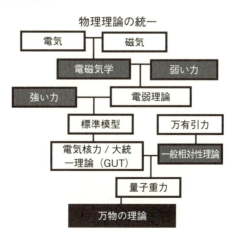

物理理論の統一

124 量子場の理論

　量子場の理論（QFT）は，量子物理学の現代的な理解には基本となる考え方です．「場」とは，物理量が時空のすべての点でどのような値になるかを決めているもののことで，たとえば，電磁場は各時刻に空間の各位置で，電荷や電流に対して働く電磁気力を決めるものです．量子場とはこうした電磁場をはじめとするいろいろな種類の場を量子力学的に取り扱うための方法です．

　QFTでは，場の量を演算子（95参照）として扱います．そして，それには場にともなう粒子をつくる演算子（生成演算子といいます）と消してしまう演算子（消滅演算子）が含まれています．たとえば，電磁場のQFTでは光子の生成演算子と消滅演算子です．電子の場のQFTでは電子の生成演算子と消滅演算子のほかに，その反粒子である陽電子の生成演算子と消滅演算子が含まれています．さらに電磁場と電子の相互作用のQFTでは，電磁相互作用を通じておきる電子同士の反応のほか，電子と陽電子の対生成や対消滅のような現象も記述することができるのです．

　重力も一般相対性理論では場として扱われる以上，量子力学と両立させるのであれば，やはり何らかの意味で量子場の理論でなければならないと考えられています．

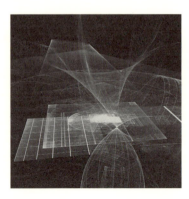

125 対称性

　自然は対称性で満ちており，量子論の世界とて例外ではありません．物理学者が「対称性」というときには，数学的な変換をしても変わらない性質のことを指します．身の回りに見られる対称性の例として，鏡映（鏡に映すということです）という変換を考えてみましょう．紙にアルファベットの文字を書いて鏡に映すといくつかの文字は反転します（ＢとかＣがそうです）．これらは鏡映変換によって変わってしまったので対称ではありません．一方，鏡映変換に対して変わらない文字（ＡとかＨがそうです）は鏡映対称といいます．

　身近ではないものの，量子場の理論で重要なものとして「ゲージ対称性」というのがあります．電荷をもつ粒子（陽子，電子，クォークなど）の場にはこの対称性があるおかげで，どんな反応の前後でも粒子の電荷の総量は変わりません（47参照）．さらに時空の各位置でのゲージ対称性のために，電荷をもつ粒子と電磁場との相互作用のしかたが決まっています．このことがあるので，電磁場はゲージ場ともよばれます．ゲージ対称性はまた，標準模型の基本的な力を統一するのに重要な役割をしています．高度なゲージ対称性があると，基本的な力を媒介するゲージ場の振る舞いが制限され，高いエネルギーではこれらのゲージ場がいずれも同等になるからです．

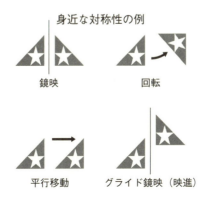

身近な対称性の例

鏡映　　　　回転

平行移動　　グライド鏡映（映進）

7　万物の理論

126 量子電磁力学

　量子電磁力学（QED）は，物質が電磁気力によって相互作用する様子を量子場の理論によって記述するものです．たとえば，2つの電子が衝突すると負電荷同士なので反発して散乱されますが，量子化された電磁場の理論では光子を通じてこの反応がおきます．こうした電子と光子が関わって生じる反応の確率を QED にもとづいて計算するため，アメリカの物理学者リチャード・ファインマンはファインマン・ダイアグラム（98参照）を開発しました．これは相互作用を表す数式を図形で表したものにほかなりません．ダイアグラムの表す相互作用の前後で，エネルギー，運動量，電荷，その他保存される性質すべてがつりあうようになっています．

　ダイアグラムの中間部分は相互作用がおきているところで，すべての可能性をとりこまなくてはなりません．しかし，その中でどの過程がおきやすいかはこのダイアグラムから読み取ることができます．光子が放出または吸収される点は頂点（バーテックス）とよばれますが，これが多いダイアグラムほどおきにくいことを表しています．

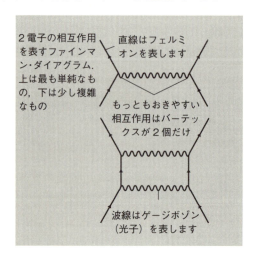

2電子の相互作用を表すファインマン・ダイアグラム．上は最も単純なもの，下は少し複雑なもの

直線はフェルミオンを表します

もっともおきやすい相互作用はバーテックスが2個だけ

波線はゲージボゾン（光子）を表します

127 量子色力学

　量子色力学（QCD）は，クォーク間に働く力を説明する量子場の理論です．陽子や中性子などのバリオンは3個のクォークが結びついてできていますが，中でも核子衝突実験でつくられるデルタ粒子は同じアップクォーク3個からなるスピン 3/2 のバリオンです．クォークがすべて同じ向きのスピンをもっているので，3個のクォークが同じ量子数をもつことになり，これではパウリの排他原理（35参照）を破ってしまいます．

　アメリカの物理学者ゲルマンは，これらのクォークを区別するために，もう一つの自由度が必要なことを提唱し，その自由度を「色」とよびました．バリオンをつくる3個のクォークがそれぞれ異なる色をもてば，量子数が異なるためパウリの排他原理に反することはなくなるからです．この自由度に関わる力の量子場の理論が「量子色力学」です．縮めて QCD（Quantum Chromo Dynamics）とよばれます．QCD には2つの重要な性質があります．1つは「漸近的自由」で，距離が近づくにつれて強くならず，むしろかえって弱くなるという不思議な性質です．もう一つは「閉じ込め」とよばれる性質で，色をもつ粒子（クォークやグルオン）が単独では存在できないというものです．

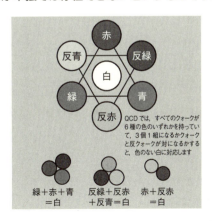

緑+赤+青
=白

反緑+反赤
+反青=白

赤+反赤
=白

QCDでは，すべてのクォークが6種の色のいずれかを持っていて，3個1組になるかクォークと反クォークが対になるかすると，色のない白に対応します

7　万物の理論　　127

128 電弱理論

　エネルギーが 100 GeV を超える反応では，電磁気力と原子核の崩壊に関与する弱い力は，ともに同じゲージ場との相互作用で記述できます．これを「電弱理論」といいます．この理論は 1960 年代にスティーヴン・ワインバーグ，アブドゥス・サラム，シェルドン・グラショウらによって理論的に「発見」されたのですが，実はビッグバン直後の宇宙で温度が 1000 兆度を超える時期にすでに存在していたものでもあります．

　距離が 10^{-18} m（1 m の 10 億分の 1 のさらに 10 億分の 1）ほどまで近づくと，電磁気力も弱い力も同じ強さですが，少し離れると弱い力は急に弱まります．その理由は，力を媒介するWボソンとZボソンがとても重く，これらの「仮想粒子」は遠くまで飛ぶことができないからだと解釈できます．これに対して，電磁気力の担い手の光子は質量が 0 であり，力のおよぶ範囲は理論的には制限がなく無限です．電弱理論ではW，Zボソンや光子はいずれももとは質量 0 のゲージボソンなのですが，ヒッグス場（57参照）によってゲージ対称性が破れるとき，W，Zボソンだけが質量を獲得し，光子は質量が 0 にとどまったのです．

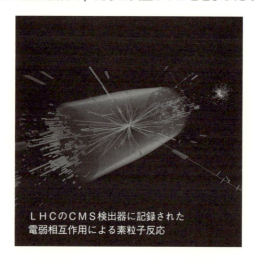

LHCのCMS検出器に記録された
電弱相互作用による素粒子反応

129 量子重力理論

　アインシュタインの一般相対性理論によれば，重力とは物質によって生じる時空のゆがみによってもたらされます．したがって「量子重力理論」とは一般相対性理論と量子論との統合を目指したものですが，残念なことにそれはまだできあがっていません．一般相対性理論と量子論とは折り合いをつけるのが難しいのです．理論的に考えうる最小の長さである「プランク長」のようなごく近距離（およそ 1.6×10^{-35} m）では，時空の量子論的なゆらぎがそれを超えて大きくなってしまい，それにともなってさまざまな困難が生じます．たとえば，標準的な場の理論の方法で重力の効果を取り入れ，実験と比較できる量を計算すると，困ったことに無限大の結果が頻発してしまいます．他の力を記述するゲージ場の理論でも，計算過程で無限大となることがありますが，うまいことに最後の答えにはこの無限大が含まれないようにでき，実験と比べることが可能です．しかし，重力については同じ考え方があてはまらないのです．

　それでも，量子重力理論が完成すれば，ブラックホールやビッグバン宇宙のごく初期のような重力が重要になる現象を理解できるようになり，万物の理論に近づけるものと期待されています．

量子重力理論はブラックホールや極限宇宙現象の核心にある謎を理解する鍵となることでしょう

7　万物の理論

130 ループ量子重力

　量子重力理論の一つの試みとして，空間自体を量子化する考え方があります．これは，1986年に物理学者リー・スモーリンとテオドール・ヤコブソンによって提案されたもので，計算の過程で「ループ（閉曲線）」に沿った変数を用いるために「ループ量子重力（LQG）」とよばれています．その出発点となったのは，一般相対性理論と量子論の考え方だけを用い，空間がプランク長ほどの最小単位からできていることが導かれたことです．これはちょうど，量子論では水素原子のエネルギー準位が離散的であったことに似ており，ごく微小なスケールで見れば空間はつぶつぶしたものだということを意味します．LQGによれば，空間全体は「スピンネットワーク」とよばれる仮想的な網のようなもので構成されていて，粒子はこのネットワーク上を移動するものとされます．一方，時間にあたる変数は理論に組み込まれていませんが，スピンネットワークの変形する過程が，時間的な変動にあたるもので，その変形の様子を表すと，ちょうど石鹸の泡のような構造になるため「スピンフォーム（泡）」ともよばれています．

　LQGでは，あらかじめ決められた空間の存在を仮定しないため，理論にもとづいて空間の幾何学が決まる可能性があるとされています．この理論にもとづいた宇宙論や，観測可能な現象についても検討されていますが，まだ研究途中であり今後の進展が期待されています．

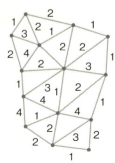

スピンネットワークは場と粒子の相互作用をモデル化した図形で，スモーリンたちによってLQGの開発のために用いられています

131 超弦理論

　ループ重力理論（130参照）と並んで，量子重力理論の候補として有力なのが超弦理論です．この理論では，宇宙のすべての素粒子はプランク長程度の長さの振動する小さなひもからできているとされます．ひもはいろいろな周波数で振動していて，それは音楽のいろいろな音階にあたりますが，周波数に応じてその表す粒子の質量が決まります．そのうち，質量0のものが重要で，それには標準模型のゲージ場だけでなく，重力を媒介する粒子であるスピン2のグラビトンも含まれることがわかっており，これらを量子場として扱う超弦理論は，量子重力理論になりうると考えられています．

　超弦理論では，粒子間の相互作用はひもの分裂と再結合で表されますが，それにもとづいて粒子の衝突の過程を計算すると，理論のもつ超対称性のために通常の量子場の理論の計算で現れるやっかいな無限大が避けられることもわかっています．しかし，いくつかの傍証はあるものの，いまのところ素粒子が確かに振動するひもであることを実験的に確かめることはできないでいます．この理論で予言される粒子はLHCでの発見が期待されていますが，まだ見つかっていません．

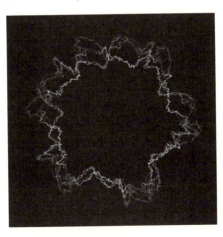

7　万物の理論

132 プランク期

　素粒子の統一理論では，基本的な力はもともと一つのものだと考えますが，仮にそれが正しければ，はるか過去の宇宙で実現していたはずです．その時代は，プランク期とよばれていて，宇宙が始まってまだ 10^{-43} 秒も経っていない，インフレーションにも至らない前のことです．これより以前の宇宙では，重力と量子力学が一体となった量子重力理論によって記述される時代で，そのような理論がまだわかっていない現状では，その様子を知る手だてはありません．現在の物理学の理論をもって調べることができるようになるのは，プランク期以降のことです．その時代の宇宙は高温高圧で，電磁気力，強い力，弱い力は「大統一理論」によって統一されていたと考えられています．さらに，重力もあわせて「超力」として作用していたのかもしれません．その後，インフレーションを経て，ビッグバンの膨張による温度の低下にともなって超力が順に分化し，こんにち宇宙で見られる4つの基本的な力になったというのが，もっとも可能性のあるシナリオです．

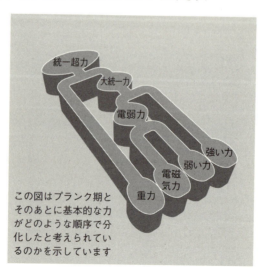

この図はプランク期とそのあとに基本的な力がどのような順序で分化したと考えられているのかを示しています

133 対称性の破れ

　プランク期が終わると，最初にあったとされる超力はもはや一つのものではなくなり，温度の低下にともなって4つの力へと順に分離していきました．それぞれの分離は，ちょうど水蒸気が凝結して水になり，さらに氷へと凝固するときの現象である「相転移」と同じようなことが宇宙に起きたためと考えられています．水蒸気や水の相転移では，もとの相が占める中で分子の配置と結合が変化した新しい相の泡ができ，それが広がっていきます．一般に相転移では対称性（125参照）の破れを伴いますが，超力が分離する相転移でもこれと同様のことがあったはずです．同じ強さだった統一的な力の対称性が，温度の低下とともに破れたのです．

　最初に分離したのは重力で，相転移にともなって時空に泡が作られたかもしれませんが，詳細はわかっていません．次に強い力と電弱力が分離しました．このときの相転移にともなって宇宙はインフレーションを起こしたと考えている研究者もいます．最後に，宇宙の温度が 10^{15} 度以下にまで冷えたとき，電弱力が電磁気力と弱い力に分離しました．それより後は，力の分離を生じるような相転移は起きていません．

相転移は物質の配置の変化をともないます．
それをひきおこすのは温度変化ですが，氷が
融点で水になるときのように，その間，温度
が一定に保たれることもあります

7　万物の理論

134 超対称性

　超対称性は素粒子物理学における仮説の一つで，標準模型に「超対称パートナー」とよばれるものを組み込むことでボソンとフェルミオンが対称になるようにしたものです．超対称な粒子同士は，電荷などの量子数や質量が同じですが，スピンだけ違っており，それによってボソンとフェルミオンが区別されます．

　仮に超対称性があったとしたら，標準模型の素粒子には同じ質量の超対称パートナーが存在するはずですが，実際には見つかっていません．その理由は超対称性が「破れた対称性」であって，超対称パートナーの質量が同じにならないからだと考えられています．超対称性はあったとしても破れているというのに，研究者たちはどうしてそれほどまでにこの理論に執着するのでしょうか？　それは，超対称性には多くの利点があるからです．万物の理論（123参照）の候補である超弦理論を構築するのにも本質的なものだと考えられていますし，また，ある種の超対称パートナーはダークマターの候補としても検討されています．さらに，超力が分離するエネルギースケールが互いにかけ離れている不自然さも，超対称性理論はうまく説明できる可能性があるのです．

135 高次元理論

　私たちは，空間3次元と時間1次元の合計4次元の時空でできた宇宙に生きています．最初，超弦理論のもとになるボソン的弦理論の基本方程式が成り立つには26次元の時空が必要だとわかったとき，研究者たちは，当然のことながらそこで挫折してしまいました．弦理論に超対称性を組み入れると事情は少しましなものになりますが，それでも必要な次元数は空間9次元と時間1次元あわせて10です．近年，提唱されたM理論は独立な5つの弦理論を統一するものですが，それが成り立つのは11次元の時空です．

　こうした「高次元」理論のどれかが正しいとしたら，4以外の次元（これを「余剰次元」といいます）はどう考えたらよいのでしょう．また私たちがそのことを体感できないのはなぜなのでしょうか．一つの可能性はコンパクト化とよばれるもので，余剰次元の空間は検知できないほど小さなサイズに丸まってしまっていると解釈することです．もう一つの考え方は，余剰次元の空間が小さいわけではなく，われわれの住んでいる4次元の宇宙からそこへは出て行けないとするものです．たとえば，この宇宙はもっと高次元の空間を浮遊する「膜」のようなものだとみなすことができれば，4次元以外の空間は感じ取ることができないというわけです．

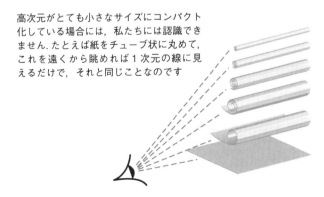

高次元がとても小さなサイズにコンパクト化している場合には，私たちには認識できません．たとえば紙をチューブ状に丸めて，これを遠くから眺めれば1次元の線に見えるだけで，それと同じことなのです

7　万物の理論　　135

136 カラビ=ヤウ空間

　もし，超弦理論が正しく，余剰次元がコンパクト化しているとしたら，それはいったいどのようなものなのでしょう？　一つの可能性はカラビ=ヤウ多様体とよばれる6次元空間です．この名称は，その概念をつくった数学者であるエフゲニオ・カラビとシンツン・ヤウの名前によるもので，とても抽象的で，全体を視覚化することは難しく，図に示されたような3次元的「断面」で想像するしかありません．

　余剰次元として，あえてこのような難解なカラビ=ヤウ空間を考える理由は，余剰次元のコンパクト化によって，残りの4次元理論の超対称性が破れずに保たれる可能性があるからです．超対称性（134参照）は力の統一理論にとっていくつかの利点があり，それを保つことは超弦理論の動機の一つだからです．また，カラビ=ヤウ空間の穴の数は4次元理論のフェルミオンの世代数と対応することもわかっており，多くのタイプのカラビ=ヤウ空間の幾何学的性質を決めるための制限となっています．しかし，そうした性質をもつカラビ=ヤウ空間は一意的には決まらず，たとえ一つを選ぶにしても，それが選ばれる理由も不明で，余剰次元がどのようなものであるのかは未解決のままです．

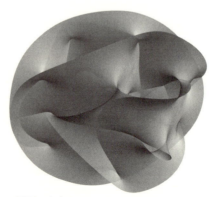

この図形は多次元のカラビ=ヤウ空間が3次元空間でどう見えるかを表しています

137 ブレーン理論

ブレーンとは膜を意味するメンブレーンという語から来たもので、その広がっている空間次元が p のとき p ブレーンとよばれます。電子のように大きさがない点状粒子は0ブレーン、ひもは1次元の物体なので1ブレーン、というわけです。超弦理論の発展の中で考え出されたブレーン理論は、高次元の超空間（「バルク」ともよばれます）内での様々な次元のブレーンによって宇宙を記述するものです。超弦理論で開いたひもの端はDブレーンとよばれる物体に取り付けられており、それが超空間内を移動すると考えることができます。次元が p のDブレーンは D_p ブレーンといいます。

われわれの4次元時空の宇宙を、高次元の超空間内にある一つのブレーンとみなす「ブレーンワールド」という理論は、それにもとづいて、宇宙のいろいろな現象を説明しようというものです。たとえば、ビッグバンを他のブレーンとの衝突とみなしたり、ブレーンと反ブレーンの衝突はインフレーションにあたるとするのです。また、複数のブレーンを組み合わせることで、基本的な力の理論で必要なゲージ対称性の起源を説明できるなど、応用範囲はミクロから宇宙の運命までにわたります。

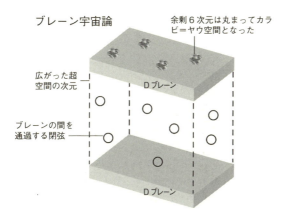

7 万物の理論

138 AdS/CFT 対応

　私たちの住む宇宙は未知のダークエネルギーによって占められており，その力によって宇宙膨張は加速し続けています．ダークエネルギーを，一般相対性理論のアインシュタイン方程式の解に含まれる宇宙定数とよばれる仮説的なエネルギーとする考えもあります．このような正の宇宙定数が支配する宇宙は「ドジッター空間」といいますが，これはオランダの物理学者であるウィレム・ドジッターの名前によるものです．これに対して，宇宙定数が負のときは，宇宙の膨張は減速するはずですが，このような空間は反ドジッター（AdS）空間とよばれます．

　1997年にアルゼンチンの研究者ホアン・マルダセナはAdS空間に関連して驚くべき発見をしました．それは，高次元空間である5次元でしかもAdSであるような宇宙があったとして，そこでの重力理論は，5次元AdSの「境界表面」である4次元宇宙でのある種類の量子場理論との間に関係がつけられるというのです．この量子場理論はコンフォーマル理論（CFT）とよばれる種類のもので，このような対応をAdS/CFT対応といいます．CFTにはゲージ理論も含まれるため，この発見は万物の理論の探求に大きな進歩をもたらしました．より広く，高次元での量子重力理論が一つ低次元の時空に投影されているという仮説はホログラフィック原理として知られていますが，AdS/CFT対応はその厳密に証明できた一例になっています．

ホログラムは3次元空間の性質を2次元表面に映し出したものです．同様に，われわれの知っている4次元での物理学は5次元での物理学を4次元境界に投影しただけのものだといえるのかもしれません

139 最良の理論は？

　この数十年の間，超弦理論は万物の理論の一番有力な候補と考えられています．それは基本的な力を統一し，標準模型を説明し，量子重力を記述すると期待されているからです．しかし，余剰次元が検証されていないことをとりあげて反対する人たちもいます．コンパクト化されているとして，その可能な形や真空の種類は無限に近い取り方があり，そのうちのどれが選ばれるべきかがまったく決められないのです．また，素粒子の超対称パートナー（134参照）が発見されれば，間接的にではあるものの，超弦理論の強い証拠となるはずですが，まだ見つかっていません．これらはエネルギーで100から1000 GeVの間にあると考えられていて，現在のところLHCはこの領域の下端を探ることができているだけですが，もっとも軽いとされている超対称パートナーさえ見つかっていないのです．

　このことは，超対称性を必要としないループ量子重力LQGにとっては有利に思えます．しかし標準模型をうまく取り込むことができないかもしれないことが指摘されているなど，LQGにはまた別の問題があります．万物の理論の発見にはまだ長い道のりがあるようです．最良の理論はどれなのでしょうか．

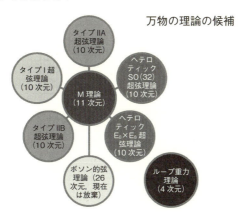

万物の理論の候補

7　万物の理論

8 マルチバース

140 多世界解釈

　コペンハーゲン解釈（24参照）によれば，量子力学では不確定性原理のため，系について知りうるすべてのことは波動関数で表されます．観測の後には波動関数が収縮して1個の結果だけが得られます．しかし，1957年に物理学者ヒュー・エヴェレットは，観測の後も波動関数は収縮することはなく，無数に存在しつづけるのではないか，と考えました．それによれば，観測によって起きえた結果の一つひとつは，私たちの知っている宇宙とは別に存在する「並行宇宙」で実際に起きていることになります．並行宇宙の一つひとつに私がいて，それぞれの宇宙でおきたできごとを観測しているのです．エヴェレットの考えは，現在では「多世界」解釈とよばれ，コペンハーゲン解釈にかわる候補となっています．

　私たちの宇宙とは別に宇宙が存在するという考え方は，エヴェレットの多世界解釈以外の理論でも提案されています．たとえば，永久にインフレーションがおきるとする考え方では，私たちの宇宙とは別の場所で，新しい宇宙が次々につくられて，それぞれが並行して存在するはずです（110参照）．一つひとつの宇宙では素粒子の種類も，物理法則も同じとは限りませんが，無限個ある宇宙の中には，私たちの宇宙そっくりのコピーが存在するかもしれません．

141 マルチバースのレベル

　宇宙を「ユニ」バースというのは，ただ一つしかないからですが，もしたくさんの宇宙が存在するのであれば，それらをあわせて「マルチ」バースというべきでしょう．マサチューセッツ工科大学（MIT）の宇宙物理学者であるマックス・テグマークによれば，マルチバースは4つのレベルに分類できるといいます．もっともわかりやすいのはレベル1とよばれるもので，私たちの宇宙の地平線の外側に，おそらく無限個存在するであろう宇宙のことです．これらはほぼ確実に存在して，私たちの宇宙と同じような物理法則が成り立っており，私たちの宇宙と同じ原子でできているものと考えられています．

　このレベル1のマルチバースから宇宙を一つとりあげて，いまこの瞬間にすべての原子のとりうる配置を考えたときに，それが私たちの宇宙での配置とまったく同一になる確率はとても小さいものの，原子の個数が有限であるため0ではないはずです．

　一方，マルチバースには宇宙が無限個存在するので，配置が全く同一になる宇宙がどこかに存在し，しかも無限個あるはずです．この考え方をつきつめると，想像もできないほどの距離のところに，私たちが観測する宇宙と同じような球の中心にもう一人の自分がいることになります．

テグマークによるマルチバースの4つのレベル

1. 通常の時空をもつ観測可能な宇宙をその外にまで拡張したもの
2. 永久インフレーションのような過程で生じたマルチバースで，それぞれでの物理法則は異なっています
3. 量子力学の多世界解釈による並行宇宙からなるマルチバース
4. レベル1から3までのものも含むありうるマルチバースを記述できるような数学的構造物

142 インフレーションマルチバース

テグマークのレベル1のマルチバースでは，どの宇宙も互いに似たようなものと考えられていますが，レベル2のマルチバースではより多彩なものになります．永久インフレーション（110参照）の理論では，永続的に新しい宇宙が芽吹くようにしてうまれます．それぞれの宇宙の一つひとつはインフレーションによって猛烈な速さで膨張しながら互いに遠ざかり続けるので，われわれの宇宙にあるどんなものもそこに到達したり内部に入り込んだりするようなことはできません．したがって，その宇宙の様子を観測によって確かめるすべはありません．

しかし，理論的には驚くべき可能性が指摘されています．インフレーションが終了して偽の真空が真の真空に遷移するときに，実現する真空が異なると，そこでの物理理論はまったく異なったものになる可能性があるというのです．たとえば，素粒子の種類やその間に働く力などは，私たちの宇宙でビッグバンのあとに実現したものとは全く違っているかも知れないのです．実際，超弦理論では可能な真空は 10^{500} 通りもあり，そのどれが実現するのかはまったく予言できません．

永久に続くインフレーションの過程で，新たな宇宙が芽吹く様子の想像図

143 収縮しない波動関数

　量子論の創生期には，多くの科学者がコペンハーゲン解釈に納得していませんでした．それは，解釈の仕方によっては，果てしない宇宙の広がりすら，観測するまでは確率的にどちらつかずの状態でしか存在しないからです．ヒュー・エヴェレットもそのようなうちの一人でした．彼の多世界解釈によれば，波動関数は観測されたとき結果に対応する状態に収縮するのではなく，あたかも収縮したかのような幻想がもたらされるにすぎないというものです．

　エヴェレットが指摘したのは，こうした議論では，観測の対象となる物体だけではなく，観測者の量子状態も考慮すべきだということです．ある位置に電子が存在できるのなら，観測者の波動関数はその場所で電子を観測することを記述するはずのものです．このとき，電子と観測者は量子もつれの状態にあり，観測者の観測結果を表す状態と物体の対応する状態とが対になって重ね合わされています．観測の結果，観測者には波動関数があたかも収縮したかのように見えますが，実際には収縮はおきておらず，測定結果に対応する世界が観測者も含めて量子もつれから逃れ，他の結果に対応する世界から分岐していくのです．

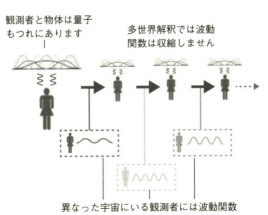

異なった宇宙にいる観測者には波動関数が収縮したように見えているだけです

8 マルチバース

144 多世界マルチバース

　多世界解釈（140参照）によれば，観測のどのような結果も「どこか」で起きているということになります．しかし，どこかとは一体どこのことなのでしょうか？　マックス・テグマークによれば，それはレベル3のマルチバースとして分類された並行宇宙だといいます．

　レベル1や2の場合と違い，レベル3の並行宇宙がどのようにして次から次へと生まれてくるのか，そして，それぞれが互いにどのような関係にあるのかについては，残念ながら多世界解釈の理論は何も答えてくれません．すべての可能性はちょうど樹木が枝分かれするように互いに分岐して，それぞれの宇宙で実在しているということしかいえないのです．たとえば，ある宇宙でシュレーディンガーの猫は生きているとしても，もとの宇宙から次々に分岐した他の宇宙では猫は死んでいるかもしれません．それらの宇宙相互の関係は不明なままです．しかし，猫は自分が生きている宇宙しか知らないはずです．そもそも猫は観測者といえるのでしょうか．こうしたことをふまえて，多世界解釈理論をテストするための興味深い実験が考案されました．それは「量子不死」とよばれるものです．

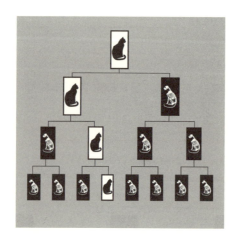

145 量子不死

　多世界解釈では，シュレーディンガーの猫は自分が死んでいる宇宙を経験することはありません．これは量子不死とよばれる思考実験の驚くべき結論です．この実験（もちろん，決して試さないでください！）では，シュレーディンガーの猫（86参照）のアイデアを少し修正して，猫の代わりに観測者が箱の中に入ります．次に，量子的な重ね合わせにある粒子と銃を用意し，定期的に粒子の状態を測定しながら，ある特定の状態に観測されたときだけ，銃から弾が発射するような仕掛けにしておきます．

　はじめのうちは何度かの測定で，幸運にも銃は発射されないで実験者は生きていられるかもしれませんが，何回かのちには粒子が特定の状態に観測され，弾が発射されて悲劇がおきることでしょう．コペンハーゲン解釈では波動関数が収縮してしまうので，実験者が生きている確率は０です．しかし，多世界解釈ではなんと実験者は必ず生き残っているのです．それは，波動関数は収縮したわけではなく，粒子が特定状態に観測されず実験者が生きているという波動関数で記述される宇宙が存在するはずだからです．生きているときだけ実験結果を認識できることを考えあわせると，実験者は決して死ぬことはないともいえます．これを量子不死といいます．箱の外にいる観測者は実験者が死んでしまうのを目撃しても，箱の中の実験者は並行宇宙で生きているのです．

8　マルチバース

146 多世界解釈は検証可能か？

　多世界解釈は，直感に反するコペンハーゲン解釈にくらべて，より説得力のある説明を与えます．シュレーディンガーの猫のようなパラドックスは生じませんし，状態が確定するのに宇宙が観測される必要性もありません．また，自然定数に対する「微調整」の問題（148参照）に対する説明も与えてくれる可能性があるのです．

　しかし，多世界解釈を支持する実験的な証拠がないため，検証不可能な理論ではないかという批判もあります．現代の科学の手法では，実際の観測と検証可能な予言が欠かせませんが，多世界解釈の理論を検証できるような実験を考えついた人は誰もいません．一つの理由は，多世界の宇宙が分岐したあとでは，それらが互いに相互作用しないとするからです．また，宇宙の分岐がどのようにして起きるのかについての満足いく説明もありません．いまのところ多世界解釈を信じるかどうかは，理論の背景にある論理や数学をどれだけ信頼するかによっているといえます．

147 サイクリック宇宙論

　宇宙が始まる前に何があったのかに考えをめぐらせようとすると，いったいそれには意味があるのだろうかと思ってしまいます．宇宙の始まりとともに時間を含むすべてのものがつくり出されたのだから，それ以前にはまったく何もなく，空っぽの空間すらも存在しなかったとなるからです．

　しかし，必ずしもそれほど単純ではないと考える研究者もいます．たとえば，永久インフレーション（110参照）のシナリオでは，現在もなお新しい宇宙が分岐し続けているとされており，したがっておそらくわれわれの宇宙も他のもっと古い宇宙からあたかも芽吹くように生じて分離したに違いないと考えられます．そうすると，宇宙は永遠に続くものであり，はじまりも終わりもないということになります．これに対して，宇宙は循環するというシナリオも考えられています．宇宙物理学者ポール・シュタインハルトとニール・チュロックは，ブレーン理論（137参照）で，2つの平行なブレーンが互いに近づいて衝突し，そのあと離れていく過程に注目しました．これはまさに宇宙のビッグバンでの膨張にあたるというのです．さらにブレーン同士が感じる引力で再度近づくのに対応して，宇宙は収縮して「ビッグクランチ」となり，そのあと，新しいビッグバンがおきる，ともいいます．それが繰り返すことで，サイクリック宇宙が実現するというわけです．

超空間内を2つのブレーン宇宙が近づいてくる様子のイメージ図

8　マルチバース

148 人間原理

　私たちの宇宙に関して奇妙なことの一つに，基本的な物理過程を特徴づける多くの物理定数が，生命の存在できる宇宙にとって都合のよい値に不思議なほど細かく調整されているということがあります．たとえば，強い力がわかっているよりほんのわずかでも弱かったとすると，重水素が安定に存在できず，星の中で水素の核融合反応が起きなかったことでしょう．反対に少しでも強すぎれば，初期宇宙で陽子が結びついてヘリウムになってしまい，その後の星の燃料供給を奪ってしまったはずです．いずれの場合でも，この宇宙で星が光り始めることはできかったのです．さらに，光速や電子の電荷，重力の強さもまた，生命が存在するのに都合のよい値なのです．

　こうした微調整されている理由を「人間原理」とよばれる考え方で説明することがあります．無限通りあるマルチバースに含まれる宇宙のそれぞれで成り立つ物理法則や物理定数のもとでは，どれもが生命をもたらすとは限らないはずです．私たちの宇宙での物理定数が現在知られているような値であるのは，それを観測する私たちが存在する宇宙だからだ，というものです．そのような説明では満足せず，この微調整がもたらされる理由を知ろうとする考えに立てば，それは万物の理論が何かを探すことになるはずです．

9 不気味な宇宙

149 さいころ遊び

　アインシュタインは「神は世界でサイコロ遊びをしない」と主張しました．その言葉からもわかるように，コペンハーゲン解釈では波動関数が確率を表す気まぐれなものであることに，彼は不満だったのです．それは光や電子が粒子か波かという問題を超えるものでした．ハイゼンベルクの不確定性原理は，量子レベルになると自然は基本的にランダムであり，任意の精度で正確な予言ができるわけではないことを意味します．

　アインシュタインはこのような考え方を拒否しました．彼にとっては，偶然性があからさまに入り込むような量子物理学は，不完全な理論だと思われたのです．粒子の振る舞いを偶然によらず，予言可能な仕方で記述できるための情報が，粒子の性質の中に埋もれているに違いないと考えました．しかし，そうした反対も感情的なものにすぎず，われわれの直観には日常での観察を通して得られた予言可能なものへのバイアスがかかっていることをアインシュタインも認めています．最終的にはアインシュタインの量子力学についての解釈は間違っていたことがわかりましたが，なんとそれは彼が考案した実験によってなのでした．

150 量子もつれと EPR パラドックス

　1935年，アインシュタインはやはり物理学者であるボリス・ポドルスキーとネイサン・ローゼンとの共著の論文で，コペンハーゲン解釈についての問題点を明らかにしました．それは現在では EPR パラドックスとよばれているもので，次のような例で説明することができます．何らかの方法で電子と陽電子対が互いのスピンが反対向きになるように生じ，そのあと互いに反対方向に離れていくものとしましょう．このとき電子のスピンは上向きと下向きのどちらの状態もとれますが，仮に上向きなら陽電子は下向き，電子が下向きなら陽電子は上向きです．電子と陽電子の対は，これらの2つの状態が重ね合わせられた量子もつれの状態にあります．粒子が離れたあと，電子のスピンを測定して上向きであることがわかったとすると，コペンハーゲン解釈によれば，陽電子の波動関数は，それがたとえ宇宙の彼方にあったとしても電子の測定と同時に収縮して，必然的に下向きであることになります．

　アインシュタインはこの現象を「不気味な遠隔作用」と呼びました．情報は光速よりも速く伝わることはできないのに，どうしてこんなことが可能なのか分からなかったからです．しかし，のちに実験によって，量子もつれにある状態ではこのような遠隔作用がたしかに起きることが示されました．量子力学の作用は非局所的であり，われわれの古典的な物理学に対する直観とは相容れないものでした．

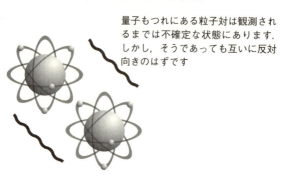

量子もつれにある粒子対は観測されるまでは不確定な状態にあります．しかし，そうであっても互いに反対向きのはずです

151 隠れた変数とベル不等式

アインシュタインたちは，量子現象を記述するのに素性はよくわからないものの何らかの変数が隠されており，その変数によって粒子がどのような状態にあるのかの情報が与えられているのではないかと考えました．

これに対し，アイルランド出身の物理学者ジョン・ベルは，そのような変数が存在するのかを実験で確かめるための方法を考案しました．彼はEPRの思考実験（150参照）をとりあげ，2つの反対向きのスピンをもった粒子対が互いに離れていった後，それぞれのスピンを測定したときに得られる結果を統計的に解析しました．そうして，隠れた変数が存在するとしたときに成り立つある不等式が，量子力学にもとづいて計算したとき（つまり，量子もつれがあるとしたとき）には成り立たないことを示しました．これはベルの不等式とよばれるもので，これにより，思弁的な議論によらず，実験での測定値を用いて隠れた変数が存在するのかどうかを確かめることができると考えたのです．その後，ベルの不等式をもとにして，実際に実験するのにより都合のよい不等式がいくつか導かれました．それにもとづいて，いくつかのグループによる実験が行われ，得られた結果を代入してみると，これらの不等式を満たさないことが確かめられました．したがって，実験結果は隠れた変数では説明できないこと，つまり量子もつれ状態が実現していることがわかったのです．

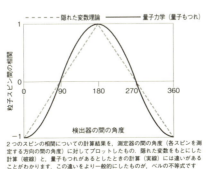

2つのスピンの相関についての計算結果，測定器の間の角度（各スピンを測定する方向の間の角度）に対してプロットしたもの．隠れた変数をもとにした計算（破線）と，量子もつれがあるとしたときの計算（実線）には違いがあることがわかります．この違いをより一般的にしたものが，ベルの不等式です

9 不気味な宇宙

152 因果律に反する

アインシュタインが量子もつれについて懐疑的だった理由は,「局所性」にもとづく因果律が当然成り立つものと考えていたからでした.つまり,情報は「原因」となる場所から「結果」が生じる場所へ(光速以下の)有限な速度で伝わる,ということです.これは物理学のもっともわかりやすい原理の一つで,直観にも合致します.人の行動が原因となって結果が生じるとき,この原理にしたがわない例は一つもありません.

しかし,量子もつれにある粒子は,どれほど離れていようと互いの量子状態の測定結果に相関があるのです.これは通常の因果律では理解しがたく,直観に反するものです.あたかも「非局所性」の原理に則っているかのようですが,完全に理解されているわけではありません.

ジョン・ベルは,友人であるラインホルト・バートルマンの奇妙なふるまいについてこう述べています.「バートルマンは毎日ランダムに左右で違った色の靴下をはいていて,一方が青でもう一方が緑といったぐあいなんだ.朝,彼に会ったとき,右足に青をはいていたら,それだけで左足は緑であることが見なくても分かるのさ」.これはちょうど量子もつれで情報が非局所的に運ばれることで因果律にあらがっているのと似ていなくもありません.

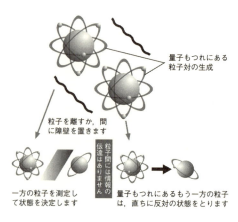

152

153 決定論

　古典物理学は決定論という原理にもとづいています．それによると，対象の未来の状態はそれ以前の状態によって完全に決まります．たとえば，ボールをキックしたとき，最初のボールの位置と速度がわかっていれば，ボールの物理的特性（形状とか重量）と，それに作用する力（キックの強さ，どこを蹴るか，風の強さ）に関するすべての情報をもとに，ボールの動きは完全に予測可能なのです．しかし，仮にボールが量子論で記述されるのだとしたら，その動きは決まっておらず確率的になってしまい，ボールの未来を予言することはできません．とくに，量子もつれがある場合には，たちどころに状態が変化するようなことすらありえます．つまり，原因と結果（152参照）が直結しておらず，それにもかかわらず未来の状態が決まるというわけです．

　こうしたことは古典物理学と量子物理学の根本的な差で，決定論と確率論との違いを言い表しています．

9　不気味な宇宙

154 光よりも速い？

アインシュタインが量子もつれの考え方に賛同しなかったのは不思議ではありません．それは彼の特殊相対性理論が，宇宙で光よりも速く動くものはないと主張するからです．しかし，仮に量子もつれにある状態についての情報が光速よりも速く伝わる（152参照）としたら，他にも遠く離れたところへ情報が即時に伝達可能ということになるのでしょうか？

アインシュタインの言ったとおり，光速より速いものはないという主張は多くの検証によって確かなものです．したがって，粒子の量子状態に関する情報も光速より速く伝わることはないのです．量子もつれにある一方の状態を測定して得られた結果と，そのあとでもう一方の状態を測定した結果とは，互いに関係しているものの，その間に何も情報が伝わったわけではありません．あとで測定した方の結果がそのようになるのは，もう一方の量子状態を測定したことが原因となっているわけではないからです．すべての情報は量子もつれの波動関数に含まれているのです．こうした違いは微妙であるとはいえ重要なことです．私たちが量子もつれを利用するときにも，そのことをふまえる必要があります．「有用な情報」を光速より速く送るのは不可能なのです．

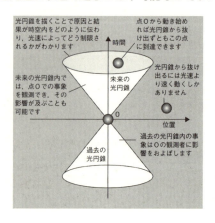

155 量子テレポーテーション

　量子もつれは，ある種のテレポーテーションを可能にします．物理的な物体を遠く離れたところへ瞬時に送ることはできませんが，量子状態であれば，レプリカを作ることでそれが可能なのです．テレポーテーションを実行するには3つの物体が必要で，それらをX，Y，Zとします．そのうちのZの状態を，場所Aから離れた場所Bへとテレポートしたいとしましょう．それにはまず，AでXとYを量子もつれにしてから互いに引き離し，YだけをBに送ります．次にAで粒子ZとXを一緒にして特殊な測定をします．その測定結果をBに伝え，すでに送られていたYに対しZとXの測定結果にもとづいて適切な変換をすると，離れているはずのYにZの量子状態が伝達されて，その結果，YはZのレプリカになるのです．

　ただしZの量子状態が途中で壊れるようなことがあると状況は複雑になります．人間のテレポーテーションが仮に実現したとして，そのときの状態の崩壊は考えたくもありませんが．スタートレックで使われる転送装置（トランスポーター）では，原子の量子状態を保ったまま目的地へ送る必要があります．そしてそれにはとても長い時間がかかるはずです．また，デコヒーレンスが別の障害を生み出すことにもなります．

9　不気味な宇宙

156 テレポーテーションの実験

　量子テレポーテーションは単なる理論的な夢物語というわけではありません．研究者たちはすでに量子状態のテレポーテーションを実現しています．最初に行われたのは1998年のことで，理論的な可能性に言及した論文の発表からわずか5年後のことですが，実験室内の短い距離ではあるものの光子状態のテレポーテーションに成功したのです．それ以来，テレポーテーションの距離は大きく伸びています．それだけでなく，2004年には初めて原子の状態のテレポーテーションも実現しました．

　いまや，量子テレポーテーション実験での挑戦は，距離だけではなく，成功率の向上や，また三者以上でのネットワークの確立にまで及んでいます．さらに，通信衛星と地上との間でのテレポーテーションも実現しています．これらの量子もつれを使った技術は，将来的に安全なコミュニケーションシステムを確立するのに役立つはずです．

ウィーン大学のアントン・ツァイリンガー率いるチームによる量子テレポーテーション装置

157 量子時間

　古典物理学にしたがう熱力学的な系の変化では，必ず秩序が失われる向きに進みます．日常生活では時間の流れとエントロピーの増加（8参照）が一致するのです．ところがミクロのスケールでは，古典物理学でも量子論でも物理的な反応は時間の流れについて対称的に起きるため，秩序だった低エントロピー状態から無秩序な高エントロピー状態へ向かう変化と，その逆の変化とが，ほぼ同じように起きてもおかしくありません．それなのに，どうしてマクロなスケールでは時間の流れとエントロピーの増大とが一致するのでしょう．

　1988年に，セス・ロイド（当時大学院生，現在はマサチューセッツ工科大学）は，時間の流れを情報の喪失によって定義することを提唱しました．ロイドによると，その核心は量子もつれなのだといいます．カップに入れた熱い湯が冷めるときのことを想像してみましょう．ロイドの描く時間像では，水の原子が徐々に周囲との量子もつれ状態になることで，宇宙とのより大きな平衡に向かうことになります．このとき，水の量子情報が不可逆的に失われるというのです．

9　不気味な宇宙

158 逆向きの時間

　因果律によれば，原因と結果は時間の流れの向きに過去と未来と決まっています．しかし，量子の世界では，ものごとはいつも単純とは限りません．たとえば，光の二重スリット実験を考えてみましょう．光の波動性によってスクリーンには干渉縞が生じますが（図の上段参照），仮に光がどちらのスリットを通過したかを測定しながらスクリーンを観測したとすると，光の粒子性を測ったことになり，量子論の相補性によって波動性が失われて干渉縞は見えなくなってしまいます（図の下段参照）．このとき，光がスリットを通過した後にどちらのスリットを通過したかを測定したらどうなるでしょうか．スリットを通過する瞬間には，まだ測定をしていないので光は波動性を保っているはずです．すると干渉縞が見えてもおかしくないはずなのですが，この場合もやはり干渉縞は観測されません．この現象は，測定したことによる情報があたかも時間を逆行して伝わったように見えます．しかし，実はこの場合にも粒子性を測定したのであって，それはスリットを通過するときの（過去の）光子に影響を与えたのではないのです．残念ながら，タイムマシンが実現したわけではないというわけです．

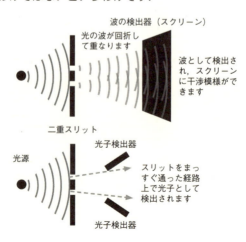

159 ボルツマンの脳

　ここまで，時間の流れは不可逆過程と関連しているとしてきましたが，実は十分な時間があれば不可逆なものはないとも言えます．ごくわずかではあっても逆行する可能性があるのです．たとえば，2つの容器にそれぞれ別種の気体を封じ込めておいて混合させたとしましょう．すると，長い時間が経過したあとに，気体の原子がすべて最初の容器に戻っている確率はごくわずかですが0ではありません．

　無限に近い時間経過の奇妙な帰結の一つとして「ボルツマンの脳」があります．19世紀の物理学者ルードヴィッヒ・ボルツマンによると，熱平衡にある高エントロピーの全宇宙においても，熱的なゆらぎのために星などが形成される宇宙が生じる確率は0ではないといいます．同じような論理で，長い時間マルチバースが存在すれば，そのどこかでゆらぎにより人の脳と同じ組織が偶然に生まれる確率は0ではないでしょう．これはボルツマンの脳とよばれ，あなたと同じ意識をもつことさえあるかもしれません．ボルツマンは量子ゆらぎのことを知りませんでしたが，その脳は量子ゆらぎによって生じる可能性があるのです．

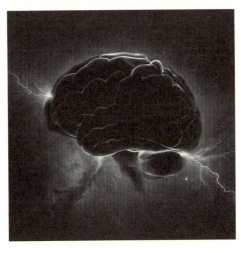

10 量子論の応用

160 量子力学の応用

　量子的な粒子の奇妙な振る舞いは日常の経験からかけ離れていますが，だからといって，量子物理学は理論物理学者の興味を満たすだけの抽象的な学問ではありません．実世界とかけ離れているどころか，むしろ身の回りの多くの光景に溶け込んでいる実用的な科学なのです．エレクトロニクスや通信技術，たとえばスマホでのネットショッピングなど，量子物理学は多くの場所に潜んでいます．

　科学技術の中には量子物理学を意図的に活用するものもあれば，背景にある量子概念の解明よりはるか以前からその技術の発見や応用がなされてきたものもあります．量子力学なしでは，当然のように見聞きしているこの現代の技術が存在することはなかったでしょう．

　量子科学は生命体にも影響を及ぼしていて，生命に欠かせない多くの化学過程を支配しています．おそらく，人間の意識でさえ量子的過程がその根底にあるのかもしれません．

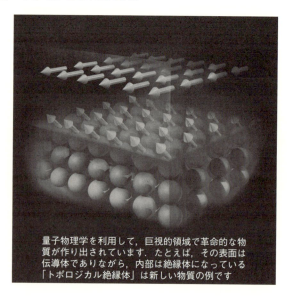

量子物理学を利用して，巨視的領域で革命的な物質が作り出されています．たとえば，その表面は伝導体でありながら，内部は絶縁体になっている「トポロジカル絶縁体」は新しい物質の例です

161 レーザー

　現代ではよく知られているレーザーは，強力な光のビームで，すべての光子がコヒーレント（可干渉的）になっています．このため，光の強度が非常に強く集束性が高いという特徴をもちます．

　レーザー「laser」という言葉は 'light amplification by stimulated emission of radiation'「誘導放出による光増幅放射」の頭文字を並べた単語です．その仕組みは，レーザー媒質という結晶または気体の特徴によっています．媒質を構成する原子の基底状態にある電子が，電場や強い光の照射によってエネルギーを吸収し励起状態に遷移します．その電子は光子を放出して，基底状態に戻ります．これを自然放出といいます．放出された光子は，レーザー媒質内を何度か往復するうちに，励起状態にとどまっている他の電子をはじき，そのことで電子が基底状態に戻ることがあります．このとき，自然放出と同じ振動数の光を放出しますが，これを誘導放出といいます．この反応が繰り返され強い単色光が得られます．

レーザーの原理

全反射鏡

電子

レーザー媒質

光子数の増幅

媒質を励起
する発光管

原子

半透鏡：95％の光
を媒質に反射しレー
ザーを増幅

透過光による
レーザービーム

10　量子論の応用　　161

162 走査型トンネル顕微鏡

　電子の波動性を利用すると，可視光（17 参照）による光学顕微鏡に比べ格段に小さな物体の画像が得られます．たとえば走査型トンネル顕微鏡はトンネル効果を利用しています．この顕微鏡は，医学的な研究やマイクロチップ製造で重要な技術になっています．

　この顕微鏡では，原子程度の大きさの細い探針を，試料表面と原子の大きさ程の距離を保ったまま移動させます．試料と探針の間に微小電圧（数V程度）をかけると表面の電子が励起されトンネル効果によって試料表面と探針の間を移動することで電流が流れます．これは「トンネル電流」とよばれます．試料表面にそって探針を走査させる間に，トンネル電流が一定になるよう探針を上下させ，その運動を記録することによって，試料表面の原子や分子の大きさ程度の凹凸変化を画像化できます．

走査型トンネル顕微鏡の原理

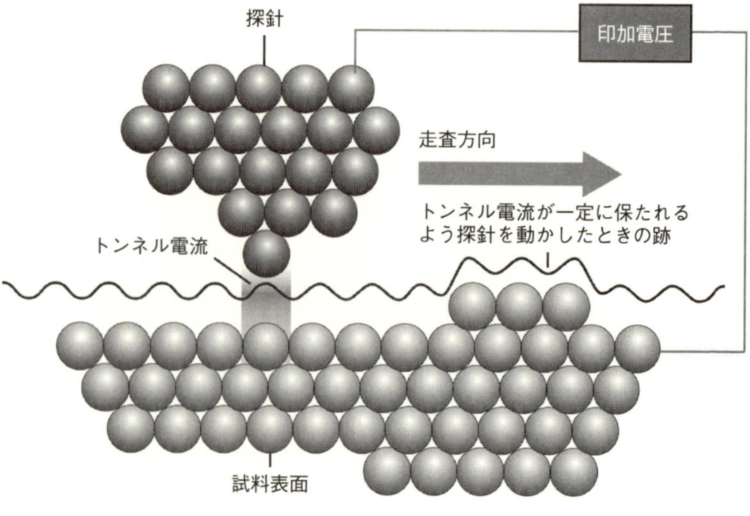

探針

印加電圧

走査方向

トンネル電流が一定に保たれるよう探針を動かしたときの跡

トンネル電流

試料表面

163 磁気共鳴画像法

　病院で磁気共鳴画像法つまり MRI による検査を受けることがあります．このとき身体内部で起きる量子物理学的な反応が利用されているのです．体内の水や脂肪に含まれる水素原子の中心にある陽子は量子化されたスピン $s=1/2$ をもち，磁場内に置かれるとスピンが上向き（$m_s=1/2$）と下向き（$m_s=-1/2$）の状態にはエネルギー差が生じます（40参照）．実際，MRI 検査で筒状装置の中に入ると，身長方向に強い静磁場が印加され，ほとんどの陽子スピンは静磁場と同じ方向に向いて低いエネルギー状態になります．

　ここで，静磁場に対して垂直に高周波ラジオ波の磁場を加えると，静磁場に向きが揃った低いエネルギー準位の陽子がエネルギーを吸収して，スピンが 90 度や 180 度回転したより高いエネルギーの状態に励起されます（この現象は核磁気共鳴とよばれます）．この状態で，高周波数の磁場を切ると，スピンがもとの静磁場方向に揃うようになります．このとき，スピンの向きの差で生じたエネルギーを高周波ラジオ波として放出し，それを装置が検出します．その際，身体組織やその性質によって，放射される頻度が異なるので，さまざまな身体器官の病変を検出できます．

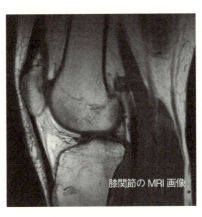

膝関節の MRI 画像

10　量子論の応用　　163

164 エレクトロニクス

　現代的なマイクロエレクトロニクス（微細電子工学）技術は，シリコンチップとその上の微細な電気回路で構成されています．微細な原子集合内を通る電子の微小電流を利用する，量子物理学応用の具体例です．
　他の固体と同様にシリコンの電子は量子化されたエネルギーバンド★をなしています．バンドの構造は材料ごとに固有のものですが，シリコンのような半導体では少量の不純物を加える（これをドーピングといいます）ことによって伝導特性を応用目的に適するように変えることができます．このようにして，整流機能をもつ半導体，あるいは一定の条件でのみ伝導性をもつ半導体を作ることができるのです．こうした半導体を何層か重ねることで，ナノメートルほどしかない範囲にダイオードやトランジスターなどの電子部品を並べることができ，論理回路として機能させることも可能です．シリコンチップ上にこうした微細部品の配置を設計してつくられた複合集積回路は，現代のほとんどの工学技術の基礎になっています．

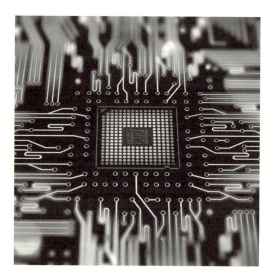

165 フラッシュメモリー

　コンピュータ用 USB メモリーもまた量子力学の驚くべき応用の一つです．これは「フラッシュドライブ」メモリーとよばれ，いわゆる「フローティング（浮遊）ゲート・トランジスター」によってデジタルデータ（1または0）を保存する技術です．このトランジスターは2つの異なる論理ゲート回路からなり，一つは「コントロールゲート」でトランジスターを流れる電流を（入切スイッチのように）制御します．もう一つは「フローティングゲート」でメモリーセルという最小メモリー単位を担い，メモリー状態を保持するために上と下から絶縁酸化被膜に挟まれています．

　USB メモリーにデータを保存するとき，コンピュータはトランジスターに高電圧を加えるように信号を送ります．すると，電子がトンネル効果によって絶縁酸化被膜の層を抜けてフローティングゲートに押し込まれ，絶縁されたメモリーセルに蓄えられます．データを消去するときは，逆向きの電圧を加えて，蓄えられた電子がトンネル効果で酸化被膜を通ってフローティングゲートから抜け出るようにします．

フローティングゲート・トランジスターの構造

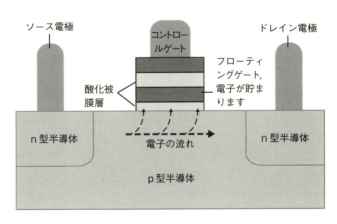

166 LED

　発光ダイオードあるいは LED もまた量子物理学の日常への応用です．LED 電球の発光には一定方向にのみ電気が流れる半導体が用いられます．それにはガリウムヒ素や窒化ガリウムのような半導体結晶に不純物を混入させて伝導特性を変化させたものを 2 層にして作ります．一方の層は電子が過剰になった n 型半導体を，もう一方は電子が抜けてできた正孔を含む p 型半導体になっていて，これらを貼り合わせたものは pn 接合とよばれています．

　pn 接合によってできる 2 層の間にはエネルギーのギャップが存在します．pn 接合はダイオードつまり，一方向（順方向）に電圧を加えたときだけ電流が流れる整流素子になっています．その電流が pn 接合を通過するとき，低エネルギーの状態に降下しそのギャップエネルギーを担う光子が放出され発光します．接合部は材料の違いで様々なエネルギーギャップをもち，ギャップが大きいほど発光は短波長になります．

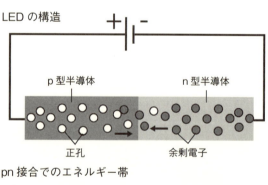

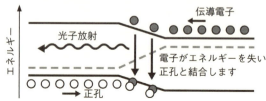

167 原子時計

　宇宙で最も正確な時計といえる原子時計は，量子の原理を応用しています．ベリリウム，セシウム，ストロンチウムなどの金属を蒸気にし，レーザー冷却と呼ばれる技術を使って原子の運動を遅くしておきます．セシウム133の場合，基底状態はスピン F＝3 と F＝4 の2つの超微細構造準位に分離しています．赤外レーザー光とマイクロ波の照射を繰り返す操作によって，ほぼすべての原子を低エネルギーの F＝3 状態に揃えることができます．

　この状態の原子に対して 9.2 GHz 前後のマイクロ波を照射して超微細構造の励起状態に共鳴させます．共鳴吸収したマイクロ波またはそこから放出されるマイクロ波の周波数が，セシウム原子特有の周波数 9,192,631,770 Hz に対応します．原子時計では，柱時計における振り子の振動のように，放射されるマイクロ波パルスを基準信号として用い超高精度の水晶振動子を組み合わせています．原子時計の誤差は3億年にたった1秒です．

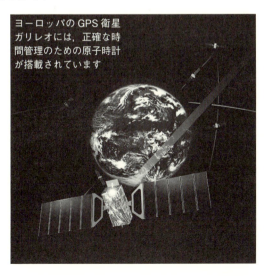

ヨーロッパの GPS 衛星ガリレオには，正確な時間管理のための原子時計が搭載されています

10　量子論の応用　　167

168 量子暗号

情報時代において安全な暗号の重要性が増しています．通常の暗号化アルゴリズムは，従来のコンピュータ技術では解読が不可能な長さをもつ数字列にもとづいています．しかし将来の量子コンピュータ（182参照）の能力ならば容易に解読できてしまいます．そこで，盗聴が理論的に不可能な「量子暗号」化によるシステムが重要になっています．

典型的な量子暗号システムでは，送信者と受信者が暗号鍵となる数字を次のようにして共有します．まず，送信者が０または１の数列を光子の偏光の向きによってコード化して送信します．受信者はそれぞれの光子を＋型または×型の偏光フィルターのいずれかを任意に選んで受信して，送信者にフィルター列の正誤を問い合わせます（図参照）．フィルターが一致した数列だけを選び暗号鍵として用います．最後に，何らかの方法で盗聴のないことを確認します．暗号鍵が共有できれば，鍵と同じ長さのデータを安全に受け渡しすることができます．

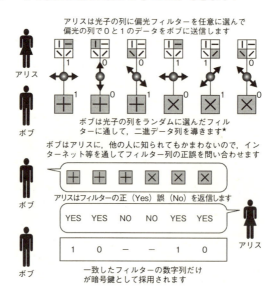

169 電気通信

　現代の電気通信はマイクロ波，レーザー光，光ファイバーを中心として構築されています．特にレーザーは電子がエネルギー準位間を遷移するときに光が放出されるという量子現象を用いたものです（161 参照）．十分な強度を得たレーザーはパルスとして光ファイバー中で強度損失なく長距離を伝播することができます．

　近い将来において，データ安全性がさらに重要になったとき，万全の盗聴防止策が可能な量子暗号が，必ず電気通信ネットワーク全体に広く実装されることになるはずです．

　2016年に，中国が世界初の量子通信衛星「墨子号（Mozi）」を打ち上げました．この衛星は量子鍵暗号を取り入れていて，順調にいけば堅牢な無線ネットワークを構築できるのです．遠方の衛星との交信が可能な量子暗号システムの構築は難しいのですが，次の数年の間に中国政府はヨーロッパとアジア間の量子通信網の完成をめざしています．すでに2018年に墨子号を使って中国とオーストラリア間で7600 kmの量子鍵配送を実現しました．

10　量子論の応用

170 放射年代測定

　放射年代測定は量子的な現象である放射能（61参照）を巧みに応用した例で，放射性元素の崩壊が一定確率で起きることを用いて岩石や有機物などの年代を測定するものです．なかでも放射性炭素年代測定法はよく知られていて，考古学では広く用いられています．放射性同位体の炭素14は，宇宙から飛来する粒子と大気中の窒素原子の衝突によって絶えず生成されています．これらは環境内外で循環されるため，あらゆる生物の体内には非放射性の炭素12とともに微量の炭素14が取り込まれています．

　有機生命体の死とともに，炭素14の循環再生サイクルは停止し，放射性崩壊過程だけが残ります．すると炭素14の半減期5730年ごとに，炭素12に対する比率が1/2ずつに減っていくことになります．そこで標本に残る炭素14の量を調べれば，さかのぼって標本の年代がわかります．

　炭素14の半減期は比較的短いので，標本の放射年代は最大5万年ほどが限界です．他の放射性元素を用いれば10億年ほどの放射年代の岩石標本に適用することも可能です．

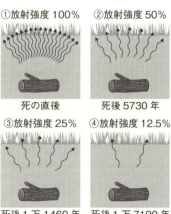

①放射強度100%　②放射強度50%
死の直後　　　　死後5730年
③放射強度25%　④放射強度12.5%
死後1万1460年　死後1万7190年

⑰ 量子ドット

　量子ドットはシリコンやゲルマニウムなどの半導体の微小な粒で，数十個の原子の集合体です．量子ドット中の原子は互いに接近していて，原子軌道同士が部分的に重なっています．ところが，パウリの排他原理によって，2個の電子が同じ量子状態に存在できないため，量子ドットの周囲に新たにエネルギー準位ができます．これはあたかも，1個の原子の周りに軌道ができたかのようなので，量子ドットは「人工原子」ともよばれます．

　原子の電子と同じように，量子ドットの電子も光を吸収して高いエネルギーの状態に遷移し，逆に光を放出して元の状態に戻ります．量子ドットのサイズによって光の色が異なります．大きなドットではエネルギー準位が接近しているため光子のエネルギーが低く赤い色に輝きます．逆に小さいドットではエネルギー準位の間隔が大きいため，光子のエネルギーが高いので青い色で輝きます．量子ドットは，広い吸収周波数をもつ太陽光パネルやディスプレイの高精細 LED としても利用できます．

量子ドットの大きさと色

10　量子論の応用　　171

172 超流動

　液体ヘリウムは，絶対零度近くまで冷却されると摩擦抵抗が失われます．少しでも速度を与えると，そのまま坂道を登ったり，容器から這い出したりする超流動現象が見られます．また，超流動体に回転を与えると，量子化された角運動量をもって量子渦としていつまでも回り続けます．

　超流動体となる原子はいずれもボソンであり，冷却するとすべてが最低のエネルギー状態に凝縮してボース＝アインシュタイン凝縮体（54参照）になります．そのため，原子同士の衝突がなくなり，凝縮前にくらべて粘性が劇的に低下するのです．

　超流動体は量子的な溶媒として，化学物質を数個ずつの分子の塊に分解し，周りを溶媒和殻★として包み込み，それらの塊は自由に運動できるようになります．

　摩擦のない超流動は高精度ジャイロスコープに応用されています．また，超流動体中に電磁波を通過させて，光子と超流動体の相互作用によって光を減速する実験が行われ，17 m 毎秒の光速がつくり出されています．

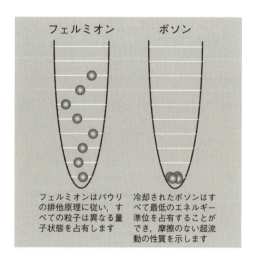

フェルミオンはパウリの排他原理に従い，すべての粒子は異なる量子状態を占有します

冷却されたボソンはすべて最低のエネルギー準位を占有することができ，摩擦のない超流動の性質を示します

173 超伝導

　鉛，ニオブ，水銀，ロジウムなどの金属は，絶対温度で数度付近まで冷却されると，突然に電気抵抗がほぼゼロになります．つまり，超伝導体となって，熱の放出なく，理論的には数億年にもわたって電流が流れ続けます．また超伝導体は磁場を弾く性質（マイスナー効果）があり，超伝導体の上で磁石が浮き上がる現象が見られます．超伝導は次のようなしくみによっています．

　金属中ではイオン（電荷を帯びた原子）が整列し結晶構造を作っていて，その周囲を電子が運動しています．通常，イオンは振動し伝導電子と衝突して電気抵抗が生じます．しかし，金属が冷却されてある臨界温度に達すると電子が2個ずつ対（これをクーパー対といいます）になり，その対状態がボソンとして振る舞うため，パウリの排他原理に従うことなく低いエネルギー準位にすべてが収まることになります．このクーパー対の形成で，全体のエネルギーが劇的に低下し，同時に電子エネルギーにギャップが生じます．電子はギャップを超えるエネルギーをもたないため格子イオンとの衝突がなくなり，そのため電気抵抗が消失するのです．

超伝導体内部の模式図

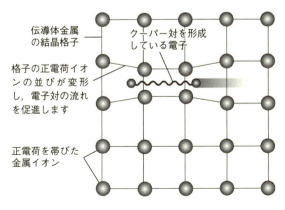

10　量子論の応用

174 量子化学

化学は粒子や原子を扱うのではなく，それらが結びついた分子を主に扱います．とはいえ，原子の量子的性質は化学の多くの側面に影響を及ぼしています．化学結合は原子間で電子を交換あるいは共有することで成り立っていて，系が最も安定な状態になるように電子殻の電子配置が定まります．分子における電子軌道への理解がより深まれば，原子間の結合のしかたに対する理解もより深くなります．

ドイツの物理学者ヴァルター・ハイトラーとフリッツ・ロンドンは，量子力学ができてまだ間もない 1927 年には，2 個の水素原子間の結合を表すシュレーディンガー方程式に工夫を加え，水素分子構造の新しいモデルを考案しました（原子価結合法とよばれます）．その理論は今日では様々に改良され，コンピュータの進歩もあり，電子の性質をより詳しく理解できるようになりました．たとえばインスリン分子などの複雑な複合分子構造における電子分布の解析なども可能になっています．

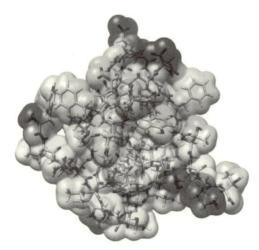

電子分布の量子力学モデルによって，このインスリン分子のような複雑な化学物質の形状や機能の理解が深まりました

11 量子生物学

175 量子生物学

　すべての生命体はエネルギーの転移と転換を使って自身の命をたもっています．エネルギーが変換される多くの場合に量子過程が関わっています．生命現象の過程を量子力学の眼を通して探求することで，量子生物学の分野はどんどん進展しています．

　植物と動物の生命のはたらきは，ほとんどの場合，化学反応にもとづいており，電子の量子的な振る舞いを前提としています．光の吸収で化学エネルギーが生成されたり，感覚器官に情報が送られたりすることが可能となります．一方，脳のニューロンは化学的なノードであると同時に量子のレベルでは電気ネットワークのノードでもあります．さらに，生命体の維持に必須な酵素は，身体内で化学反応を促進する触媒として作用します．そのとき電子が酵素や基質の間のたんぱく層によるエネルギーバリアを量子トンネル効果で透過して移動しています．こうした過程がどのように進むのかがわかれば，人工的な触媒をつくって，エネルギーの生成や環境にやさしい新たな分子の形成もできるようになるかもしれません．

基礎的なレベルでは，生命がシナプス間に神経信号をおくったりする働きは，化学的かつ電気的過程によるもので，量子力学にもとづいています

176 生物コンパス

　動物の中には第六感とでもいうべきものによって, 地球磁場を感じるものがいます. よくわかっているのは渡り鳥で, 磁力線をたどることで地球上を旅しています.

　鳥が磁気を感じ取れるのは, マグネタイトという磁性をもった鉄酸化物が感覚系にあり, 地磁気によって個々の粒子の向きがそろうためだと考えられていたこともありました.

　しかし, 最近では別の説明のしかたがあって, ラジカルペア機構といわれ, 量子力学を利用するものです. 青い光を感じるタンパク質が光の作用を受けると, 分子がもつ2個の電子のうち1個が近くの原子または分子に移動して, それぞれ1個の価電子をもつ反応性の高い「ラジカル」対ができます. これらラジカル対の価電子の一重項と三重項という量子スピン比率は地磁気の方向による影響を受けます. 渡りのあいだ鳥はこのことを色覚の変化として検知できるというのです. ラジカルの価電子のスピンは量子もつれ状態にあるともいわれ, そのため一方が磁場に対して整列すれば, もう一つも整列することになります.

177 光合成

　地球上の生命が生きていくのに重要なプロセスも，量子物理学によるところが大きいといわれたら，きっと驚かれるでしょう．植物のエネルギー源である光合成は，太陽の光エネルギーを使って水と二酸化炭素をブドウ糖に変えるものです．この過程の鍵となるのは緑色をした色素分子であるクロロフィルを主とする発色団とよばれるもので，それがまず太陽光のエネルギーを捕らえます．

　葉緑体内には多くのクロロフィルが集まったチラコイドという袋がいくつもあります．光子がクロロフィルに吸収されてできる電子と空孔のペア（励起子）の励起エネルギーは，分子間のクーロン相互作用の量子論的な効果によって，次々と隣接するクロロフィルに伝達されていきます．そして最後に励起エネルギーの終点である反応中心とよばれる一対のクロロフィルに集まります．その十分高いエネルギーは，葉緑体内で光合成の産物として ATP（アデノシン三リン酸）などの化学エネルギーに変化します．

　驚くべきことは，クロロフィルの示すこうした量子的挙動が，常温の環境でも起きるということです．というのも，いろいろな現象での量子効果というのは他の分子の熱振動でかき消されてしまうことが普通だからです．ありきたりの樹木の葉からも，学べることはたくさんあるのです．

11　量子生物学

178 量子視覚

　私たちの眼は光子を検出する生物学的センサーですから，そこに量子物理学が関係していることは驚くことではありません．網膜は眼の後ろ側で光受容細胞と並んでいて，そこでとらえた光子を電気信号に変換します．それにはレチナールという物質が光を吸収してその構造を変化させ，これが第一歩となって，信号は電気化学反応経路をとおり，最終的に脳へと伝えられます．

　じつはこれは奇妙なことなのです．というのもわれわれの体は暖かで，大量の熱赤外線を放っていて，当然眼からも漏れ出しているはずです．そのため外界から入ってくる光子の数百万倍がわれわれの身体からも眼に入っているはずです．それなのに，眼を閉じたときにどうしてその熱放射が見えないのでしょうか．これは，光子が量子化されたエネルギーでレチナールを刺激しているためで，光電効果と同じように考えれば理解できます．つまり，いくらたくさんの熱放射光子があったとしても，その周波数が低ければ一つひとつの光子のエネルギーは小さすぎて，レチナールを刺激することができないのです．

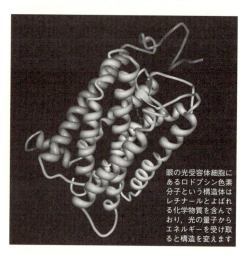

眼の光受容体細胞にあるロドプシン色素分子という構造体はレチナールとよばれる化学物質を含んでおり，光の量子からエネルギーを受け取ると構造を変えます

179 量子意識

　人間の意識の根本にも量子物理学が関与しているのでしょうか？　多くの物理学者がそのように考えてきました．たとえば，ニールス・ボーアやユージン・ウィグナーなどです．量子意識に関する現代の第一人者はイギリスの物理学者ロジャー・ペンローズでしょう．麻酔科医であるスチュワート・ハメロフと共同で，ペンローズはある理論を提案しています．それは統合された客観収縮理論とよばれるもので，意識を量子重力理論から導き出そうというものです．

　ペンローズとハメロフは，脳内ニューロンにある微小管（マイクロチューブル）という小タンパク質ポリマー内部において，量子重力が時空振動として現れているといいます．微小管がつくる量子状態の重ね合わせは，一定の割合で壊れていき，決して一瞬におきるものではないので，刻一刻と移り変わる意識の自覚がつくられるというのです．2014年にペンローズとハメロフはさらに，脳波のリズムは微小管内でおきる時空振動の証拠だと主張しています．

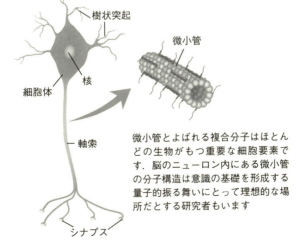

ニューロン（神経細胞）の構造
- 樹状突起
- 核
- 細胞体
- 軸索
- シナプス
- 微小管

微小管とよばれる複合分子はほとんどの生物がもつ重要な細胞要素です．脳のニューロン内にある微小管の分子構造は意識の基礎を形成する量子的振る舞いにとって理想的な場所だとする研究者もいます

11　量子生物学

180 量子意識への反論

　人間の意識が量子効果によるという考えには多くの研究者が反対しています．そうした懐疑的な人の中心はマサチューセッツ工科大学のマックス・テグマークです．彼の指摘は，脳が熱くとても複雑な構造体であることです．計算してみると，脳で生じる量子的な重ね合わせはニューロンが信号をやりとりするよりも速く解消してしまうというのです．すると，仮にこうした量子状態が存在するとしても，脳での情報処理には関係しないことになります．

　しかし，テグマークが解析して以降，生命体が確かに量子効果の恩恵をこうむっているという研究結果が複数報告されています．たとえば植物の光合成や渡り鳥の磁気受容感覚などです．結局のところ，人間の脳は適切なモデルを作るのにはとても複雑すぎるのでしょう．古典物理学で説明できるという方が支持者は多いのですが，それでも量子意識の理論で説明できる余地もあるように思われます．

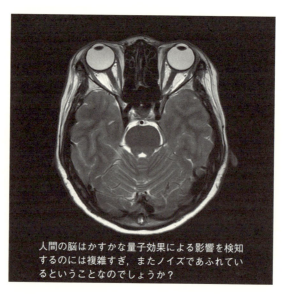

人間の脳はかすかな量子効果による影響を検知するのには複雑すぎ，またノイズであふれているということなのでしょうか？

181 自由意志はない？

哲学的な観点からいうと、量子力学は人間の意志が自由でありうるかというかなり深刻な問題にも関わっています。多くの量子物理学者や哲学者は決定論、つまり全宇宙は予測可能であることを信じていて、われわれの行動や決定もまた本質的に予測可能だと考えています。もちろん、それは計算能力があって、関係する処理を完全にこなし、宇宙についてのすべての必要な情報にアクセスできると仮定してのことです。その反対に、量子力学の確率的なランダムさのために自由意志などはないと考える研究者もいます。正確に予測されるものが何もないのであれば、私たちの行動の結果として何がおきるのか、本当は何もわからないのですから。

いずれにせよ、自由意志など幻想なのかも知れません。

他方、ドイツの物理学者であるサビネ・ホッセンフェルダーは「自由意志関数」なるものの存在を提案しました。それは、自由意志に見えるような何かをもたらす隠された法則のことです。しかし、それを考慮したところで、容易に私たち自身の認識に影響するかどうかは、また別の問題です。

サビネ・ホッセンフェルダーは自分の提案した自由意志関数を円周率の数字を毎秒1個ずつ次々に印刷する機械になぞらえました。機械から印刷された一部分を読んでも、数字の意味を知らなければ、数字はランダムで予測不可能のように見えるはずです

11 量子生物学

12 量子コンピュータ

182 量子計算

　量子コンピュータは想像できないほどの変革を世界にもたらすものと期待されています．現代の情報化社会は，ソーシャルメディアから科学的な実験までデータであふれており，従来の古典コンピュータでは膨大な量の情報を分析するのに苦闘しています．しかし，量子コンピュータならこれらのデータを並列に処理することができるのです．

　古典コンピュータはデータを0か1かの「ビット」として記録します．これに対し，量子コンピュータでは，量子状態を重ね合わせとして扱う量子ビットとよばれる要素で情報を記録します．重ね合わせを使うことで量子コンピュータの処理速度は速くなります．それは古典コンピュータが一度に一つの計算ができるだけなのに対し，量子コンピュータは同時に何百万個の計算を行うことができるからです．将来的には，この強力なデバイスによって巨大な量のデータを分類したり分析したりすることで，複雑な数学の問題を解き，環境のモデル化や病気の治療，あるいは量子世界そのものの研究などに応用できることでしょう．

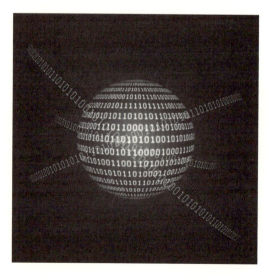

183 量子ビット

　量子計算では情報を量子ビット（キュービット）として扱います．古典ビットが2つの状態のどちらか一方（0か1，真か偽，イエスかノー）しかとれないのに対し，量子ビットは同時にどちらの状態もとれるという違いがあります．それは，測定するまで量子ビットはシュレーディンガーの猫と同様，重ね合わせの状態にあるからです．こうした量子ビットを実際に作るのには，原子やイオン，電子，ボース＝アインシュタイン凝縮，ジョセフソン接合という超伝導回路，光子系など，さまざまなものが使われます．

　量子ビットではその量子的な特性に情報が組み込まれます．たとえば，電子であればスピン，光子であれば偏光の性質です．N個の量子ビットがとりうる状態の数は2^N個あるので，それらを重ね合わせることで，たとえば2つの量子ビットであれば$2^2=4$つの状態を，6個の量子ビットであれば$2^6=64$の状態を同時に扱うことができます．測定によって最終的に得られる答はそれぞれの量子ビットに対応してただ一つですが，処理の途中では重ね合わせの状態にあるため，膨大な処理能力があるというわけです．

古典ビットと量子ビット

古典情報ビットは2つの数字で表され，状態1か0をとることができるだけです

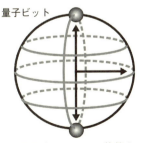
量子ビットは1の状態と0の状態の重ね合わせなので，一度に膨大な情報量を処理することができます

12　量子コンピュータ

184 量子コンピュータの種類

　量子コンピュータには大きく分けて2通りの方式があります．一つは量子アニーリング方式とよばれているもので，すでに実用の段階に入っています．この方式のものは，特殊な問題に対して威力を発揮します．たとえば，組み合わせ最適化問題とよばれる数理科学の問題がありますが，古典コンピュータだとこれを解くのに膨大な時間がかかります．しかし，量子アニーリング方式のコンピュータを使うと，短時間でその解を求めることができると期待されています．その計算の仕方は，ある意味で量子アナログコンピュータということもできるかもしれません．系のエネルギーにあたる量が最小になるような状態を探す，という手法で最適化問題を解くからです（図参照）．

　これに対して，量子ゲート方式とよばれるものが，古典コンピュータと同じように汎用なデジタル処理をするために開発されています．そのためのアルゴリズムの開発も必要ですが，これがたとえば10万個の量子ビットを装備するようになれば，処理速度において従来の古典コンピュータをはるかに凌ぐようになるはずです．

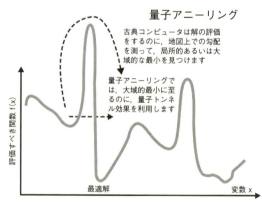

量子アニーリングでは，数学の問題を，丘や谷のある地図になぞらえ，解はもっとも低い谷（大域的最小）のことだと考えます．古典コンピュータでは地図全体を探し回らないといけないのですが，量子コンピュータでは実質的に丘をトンネル効果でつきぬけてしまうので，解を瞬時に見つけることができるというわけです

185 デコヒーレンスの問題

　量子コンピュータの最大の問題は，量子ビットが外部との接触によりデコヒーレンスを生じてしまうことです．量子論では重ね合わせの状態にある系を測定すると波動関数が収縮します（85参照）が，それと同じで，デコヒーレンスにより量子ビットは重ね合わせ状態ではなくなります．つまり，0と1の両方の状態ではなく，どちらか一方をとるようになってしまうのです．

　デコヒーレンスがおきると，量子コンピュータは通常の古典コンピュータになってしまうのですが，この問題は簡単に回避できません．そうならないためには，量子ビットを外界から孤立させておく，あるいは影響を受けにくいようにしておく必要があります．量子ビットと環境との相互作用にともなうデコヒーレンスがあっても，量子ビットから構成される量子ゲートの動作を保証するための研究もすすめられています．図はその一つの例を示しています．

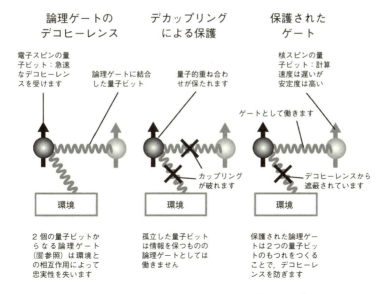

186 量子ビットの制御

　量子ビットはデコヒーレンスを免れるために，何らかの方法で環境から孤立させて保持することが必要です．たとえば，原子を量子ビットとして使うのであれば，レーザー光によって光学格子をつくり，そのビームが交わるところに生じるポテンシャルの井戸に原子を捕まえます．一方，帯電したイオンの場合には，電磁場で閉じ込めておきます．そのときは，電荷同士の相互作用で生じる集団運動によって情報を伝えることができます．

　量子ドット（171参照）では，ドット内に閉じ込めた電子のスピンを磁場とマイクロ波によって制御して量子ビットを実現します．光を利用した量子コンピュータの場合は，鏡とビームスプリッターとよばれる装置を使って光を閉じ込めるのが一つのやり方です．その他に，リュードベリ原子で光を集団的に減速させることで閉じ込めることもできます．光量子コンピュータの実現に向けて，これらの方式の研究が進められています．

リュードベリ原子波動関数をシミュレーションしたもの．光子を閉じ込め量子コンピュータとして利用します

187 量子論理ゲート

　古典コンピュータには論理ゲートいう部品が使われていて，与えられた電気信号（バイナリデータのビット）にもとづいて単純な論理関数の計算をしています．たとえば，ANDゲートは2つの入力の積をとり，ORゲートは和をとる，そしてNOTゲートは入力を反転するものです．これらのゲートの変形も含めてNOTゲートだけが可逆なもので，他はすべて不可逆なゲートです．これに対して，量子コンピュータで使われる量子ゲートはすべて可逆で，このことから電力の消費を低減できる可能性もあるとされています．

　量子ゲートは1つもしくは2つの入力に対して働くので，2×2または4×4行列によって表すことができます．古典的な論理ゲートにくらべて量子ゲートの種類はずっと多く，それぞれが量子ビットに対して異なる働きをします．それらを組み合わせた「量子回路」によって，量子コンピュータは計算処理を実行することになります．かつては量子ゲートを作れるのはリュードベリ原子や光子によるものだけでしたが，2015年にはじめてシリコンによる量子ゲートがつくられました．これは実用的な量子コンピュータを作るのに重要な一歩になります．

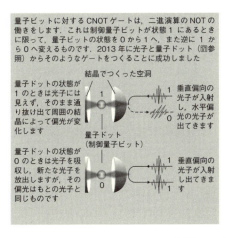

12　量子コンピュータ

⑱ 量子アルゴリズム

　アルゴリズムとは，問題を解いたり課題をこなしたりするための手順を一歩ずつコンピュータに教えるものです．量子コンピュータは従来のアルゴリズムで駆動させることもできますが，量子ビットに並列処理の能力が備わっていることの利点を生かした量子アルゴリズムがあります．

　そうしたアルゴリズムは2通りの選択肢（0か1，真か偽かなど）から1つの答を見つけることを動作原理としているので，論理的でないものや古典コンピュータが理論的に処理できないものに対しては何もできません．しかし，古典コンピュータが処理可能な課題に対してはより速く解くことができ，たとえば何世紀もかかってしまう課題でも，量子アルゴリズムを使えば数分のうちに答を出すことができるのです．

　量子アルゴリズムは，入力データの量子ビットが与えられれば，それに作用する量子論理ゲートを通し，最終的に測定することで結果がわかることになります．なかでも，グローバーのアルゴリズム（図参照）とショーアのアルゴリズムは最も重要なものです．

グローバーのアルゴリズム

w	o	y	a	n
k	u	v	x	q
z	d	t	e	s
r	c	b	m	f
h	l	j	o	g

目標

n個の部品からなるデータベース

グローバーのアルゴリズムは単純な量子アルゴリズムで，順不同になっているデータをソートして目的のものを見つけるものです

古典解：目標をみつけるのに，n回の照会が必要になります

量子解：目標をみつけるのに，√n回の照会ですみます

189 量子誤り訂正

　量子コンピュータは非常にデリケートで，測定するだけでも量子ビットの状態がすっかり変わってしまいます．デコヒーレンスは必然的にノイズを持ち込み，論理ゲートはしばしばエラーを生じます．これは古典コンピュータも同じですが，その場合，エラーを修正するのにもっとも簡単なのは冗長性を取り入れることでした．つまり入力ビットをコピーし何度もコンピュータに送るのです．もし誤りが生じたとしても，繰り返し処理を行うことでその誤りを検知し，訂正することができます．

　残念なことに，この方法は量子ビットでは使えません．量子状態をコピーすることができない（これを「量子複製不可能定理」といいます）からです．しかし，量子もつれ状態という量子力学に特有の考え方を使うと量子ビットの誤り訂正が可能になります．それにはまず，1つの量子ビットに保存された情報を，量子もつれ状態にある複数の量子ビットに共有させます（図では3つの量子ビットを使って示しています）．こうすれば，誤りはシンドローム測定とよばれる重ね合わせを妨害しない形で探し当てることができるのです．このほかにも，デコヒーレンスを生じることなく誤りを訂正できる方法がいろいろ考えられています．

量子誤り訂正の過程（単純化したもの）

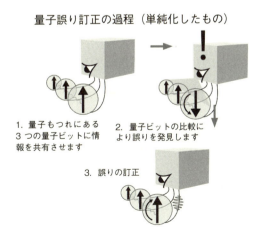

1. 量子もつれにある3つの量子ビットに情報を共有させます
2. 量子ビットの比較により誤りを発見します
3. 誤りの訂正

12　量子コンピュータ

190 量子シミュレーション

 当然のことながら,量子的な過程や量子系をシミュレーションするのには,量子コンピュータを使わないと簡単には実行できません.そこで,量子コンピュータの主な応用として,量子物理学そのものをもっとよく理解することがあげられます.

 たとえば,大型ハドロン衝突型加速器のような粒子加速器実験を考えてみましょう.実際に衝突実験をする前に,強力な量子コンピュータによるシミュレーションで仮想実験をしてみれば,どのくらいのエネルギーの粒子がつくられ,崩壊してできる粒子の分布がどうなるかが,詳細にわかるはずです.もっと特殊な問題の例として,中性子星の中心部のような高温高圧下で,強い核力によって量子現象である超伝導かつ超流体になった物質の研究があります.そうした系も量子コンピュータを使って調べることができるはずです.身近なところでの応用としては,たとえば0℃に近い高温で超伝導となる物質を発見することや,さらに,量子コンピュータの設計さえできるようになるかもしれません.

粒子加速器での衝突過程をシミュレーションするのに,現在のスーパーコンピュータでは何時間もかかりますが,将来の量子コンピュータでは同じ処理を数分のうちに完了できるでしょう

191 量子コンピュータの構築

　量子コンピュータはまだ初期段階にあります．量子アルゴリズムの最初の実験によるテストは 1998 年にオクスフォード大学で行われ，それは核磁気共鳴装置にたった 2 つの量子ビットを実装したものでした．同じ年に，3 量子ビットのものがつくられ，2000 年までには米国ロスアラモス国立研究所で 7 量子ビットの磁気共鳴を利用した量子コンピュータが完成し動作しました．しかし，これらのシステムも基礎的なものにすぎず，ごく単純な問題を解くことができるだけでした．2001 年にはスタンフォード大学でショーアのアルゴリズムを使った量子コンピュータが，15 を素因数分解して 3 と 5 を求めましたが，それも 7 量子ビットのものでした．

　しかし，2011 年になって，カナダにある D-Wave が量子アニーリング方式の 128 量子ビットコンピュータを完成させたと発表しました．さらに 2015 年には 1000 を超える量子ビットからなるチップを作ったと発表しています．ただし，これには懐疑的な研究者もおり，技術的には確かに量子コンピュータといえるかもしれないものの，古典コンピュータよりさして速くはないことを指摘しています．

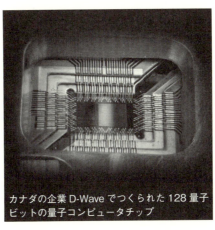

カナダの企業 D-Wave でつくられた 128 量子ビットの量子コンピュータチップ

13 量子物理学の未来

192 未来への挑戦

　量子力学は科学の領域の隅の方にあって，他の分野から孤立しているという類いのものではありません．物理学，化学，そして生物学のほとんどの分野でその根底には量子論があって，それは電子工学から天文学，医薬品から材料科学にわたっています．こうした分野での新たな進展が必要なときには，量子論は間違いなく軸となるような役割を果たすはずです．新たな技術，新たなエネルギー資源そして量子計算技術などの分野すべてで，未来を担うものです．

　しかし，発展は応用面だけにとどまりません．量子力学に特有のいくつかの重要な意味について，基礎的な疑問がまだ答えられずに残されています．波動関数は実在する波なのか，それとも単なる抽象的な概念にすぎないのか？　身の回りに実在するものを量子論的に定義するのに，人間の意識は鍵となる要素なのか？　量子力学と重力理論は統合されうるのか？　ビッグバンの起源や宇宙の真の姿を理解することができるようになるのか？　これらはどれも量子論に関わる大きな問題ですが，それらに挑戦することによって得るところは，とても大きなもののはずです．

量子物理学を駆使することで未来社会の形成にも貢献できるという実用例の1つとして，効率的で安価な太陽電池の開発があげられます

193 観測者の役目

　観測や測定によって波動関数の収縮がおきるものとすると，多くの哲学的な疑問が湧いてきます．仮に，ある対象が決して観測されないとしたら，それはそもそも定まった実在物なのか，それとも重ね合わせの状態にとどまるものなのでしょうか？　後者が正しいとすると，観測者がいないような広大な宇宙では波動関数が収縮しないままだということになってしまいます．物理学者の多くはこういった問題をあまり考えないできました．それは対象の波動関数は物理的な実在ではなく，その量子的な性質を言い表す便宜的なものにすぎないと考えているからです．さらに「測定」とは他の粒子や電磁場との相互作用に過ぎず，誰かが注視しているかどうかにかかわらず，デコヒーレンスをひきおこして波動関数が収縮するものとされています．

　しかし，なかには観測者の役目を軽視しない物理学者もいます．米国の理論物理学者であるジョン・ホィーラーによれば，宇宙と観測者の関係は相互依存の関係にあるといいます．双方が互いを必要とするのであり，単に観測者は測定するだけではなく，意識をもつ精神によって観測者と宇宙とが結びついているのだというのです．

13　量子物理学の未来　　193

194 客観的収縮理論

よく知られているように,コペンハーゲン解釈では量子力学の重要な側面について何も述べません.たとえば,波動関数が実体のあるものなのか,それとも単なる量子状態の確率的な性質を記述するだけにとどめておくのかについては判断をしません.これに対して多世界解釈では,波動は実際に存在するのであり,異なった宇宙へと分岐していくのだと主張して,コペンハーゲン解釈のあいまいさを取り除こうとします.もっともそのことが,かえって多くの疑問を引き起こしているともいえます.

これら2つの極端な考えの中間ともいえる理論もあり,その一つが客観的収縮理論とよばれるものです.その名前が示すように,波動関数を実在の現象として扱い,その収縮もまた実際に起きるものと考えます.しかし,いったん波動関数が収縮してしまえば,それでもう何も起きません.多世界解釈のように分岐したりはしないのです.さらに,客観的収縮はランダムに起きるか,あるいは波動関数がある閾値を超えたところで起きるとするので,観測者は特別な役割をしません.しかし,この理論では収縮がシュレーディンガー方程式につけ加えられたノイズによるものであるため,エネルギーが保存されないという問題があります.また,量子力学による予測とは異なる観測結果を生じるような実験的検証についても検討されています.

ビッグバンから物質豊かなこの宇宙が生じるのには,客観的収縮が必要だと考える研究者もいます

コペンハーゲン解釈を厳格にとれば,宇宙が始まった直後には観測者がいないので,波動関数は収縮せず物質は集まらないままだったはずだといいます

客観的収縮理論では,観測されることがなくても波動関数は収縮をおこし,物質が集まって塊になり始めることで宇宙の大規模構造の種となったと考えます

195 初期宇宙

　宇宙初期での様子を地上の粒子加速器で再現することは，近い将来にはできそうにもありません．宇宙の起源を理解するのに現時点でもっともよい方法は，はるか遠くの宇宙を探り，初期宇宙が量子重力によってどのような影響を受けたかを観測で調べることです．これにはインフレーション，ダークエネルギー，現在の宇宙における物質の大規模構造などのさらなる理解が必要です．

　そのための鍵は宇宙マイクロ波背景放射（CMBR，106参照）の観測です．これまでにも，地上の望遠鏡や気球観測のほか，人工衛星による観測で宇宙のいろいろな方角に見られる温度ゆらぎを精密に測定することで，宇宙年齢や宇宙の組成など宇宙論のパラメータが精度よく決定され，また宇宙モデルの決定に必要なデータが得られています．写真は欧州宇宙機関（ESA）と NASA が共同で打ち上げたプランク衛星で，2009 年から 2013 年の観測期間にこれまででもっとも精密な測定をしました．将来の CMBR 観測計画では，インフレーション模型の候補を 3/4 ほど排除できるものと考えられており，初期量子宇宙のさらなる理解に近づくはずです．

196 情報は失われるか？

1974年にスティーヴン・ホーキング（図参照）は，ブラックホールから逃れることは，考えられていたほど不可能なことではないと主張しました．それはホーキング放射（118参照）とよばれ，量子効果によってブラックホールの地平線付近で対生成した粒子の一方がブラックホールから出てくるように見えるものです．この放射によってエネルギーが持ち去られるため，ブラックホールは質量が減っていって最後には完全に蒸発してしまうと予想されています．しかし，このホーキング放射には情報が含まれないことからパラドックスが生じます．

ブラックホールに取り込まれるとき，物質がもっていた量子状態の情報はブラックホールの内部に保持されるはずです．ホーキング放射によってブラックホールが蒸発するとき，この情報は外部へ持ち出されると考えられますが，ホーキング放射は地平線の外からランダムに出てくるので情報をもたないはずです．一般に量子過程では情報は保たれるはずなのですが，それがこの場合には成り立っていないように見えるのです．ホーキングは当初このように考えて，ブラックホールの蒸発では情報は保たれないとしましたが，その後，重力理論と量子場の理論との間のAdS/CFT対応（138参照）の考え方にもとづき，ブラックホールの蒸発でも情報は保たれると主張を変えました．しかし，ホーキング放射で情報が保たれるのかどうか，正確には決着がついていません．

197 光速は変動するか？

これまで，真空中での光の速さは定数であり，その数値（定義値は299,792,458 m/s）は，宇宙のどこでも，またいつの時代でも同じだと考えられてきました．しかし，光の速さは宇宙の場所や年代によってその値が異なっていたとしても理論上は問題ありません．この可能性を確かめるのに，数十億光年離れたところにあるクェーサーの観測をもとに過去の宇宙での微細構造定数の値を求めてみると，現在わかっている値からの変動は，あったとしても1年あたりの比率で 10^{-16} 以下ということがわかっています．しかし，もし本当に差があるとすれば，光速が時間とともに変化しているのかもしれません．

光速の時間による変動があるなら，宇宙のはじまり直後にあったとされるインフレーション（104参照）による急速膨張に代わって，初期宇宙の地平線問題（108参照）を解決できる可能性があると考えられています．もし基本定数の数値が変動するなら，それにもとづいた物理法則も変わるはずで，宇宙を理解するのにも多くの問題が生じることになります．

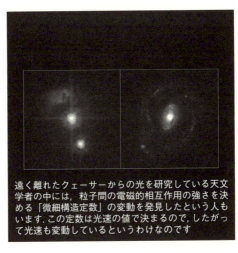

遠く離れたクェーサーからの光を研究している天文学者の中には，粒子間の電磁的相互作用の強さを決める「微細構造定数」の変動を発見したという人もいます．この定数は光速の値で決まるので，したがって光速も変動しているというわけなのです

198 究極条件での物質

　温度や圧力が極端な条件下での物質の振舞いについての理解は，大きな挑戦として残されています．木星（図参照）は巨大ガス惑星ですが，内部の気圧は地球表面での 4000 万倍にもなるため，水素は液体状の金属である可能性があります．また，量子効果によって，超伝導かつ超流動（172 参照）になっているかもしれません．さらに，中性子星（115 参照）の内部ではより奇妙なことがおきています．そこでは圧力が地球上での 10^{29} 倍にもなると予想され，中性子がばらばらになってクォーク・グルオン・プラズマという物質の新たな形態となっていると考える研究者もいます．

　より大きな圧力や温度のとき，たとえば宇宙初期には，いろいろな量子場が統一されていたのかもしれません（129 参照）．将来，粒子加速器のエネルギーが 100 兆 eV（LHC で達成可能な 12 倍）まで到達すれば，こうした条件での現象も探索できることでしょう．

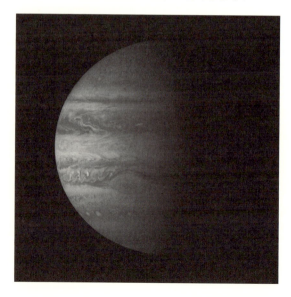

⑲ 超弦理論に代わるもの

　超弦理論（⑬参照）は，現在のところ万物の理論として有力な候補と考えられていますが，それに満足していない人もいます．その理由の一つは，ひもの方程式には途方もなく多くの種類の解があって，その中で不適当なものを排除するのさえ信じられないくらい困難なことだからです．それができたとしても，10^{500} 個もある真空から，適切なものを探さないといけないのです．また，別の批判として，超弦理論が背景時空に依存するということもあげられます．ひもは空間内で振動しますが，その時空がどのようなものかについて超弦理論は何もいえないのです．

　ループ量子重力理論（⑬参照）の創始者であるリー・スモーリンによると，超弦理論の研究者たちはエレガントな数学を好む余り，実験による検証の可能性を避けているといいます．高次元空間や並行宇宙などの概念を検証できるのかどうか考えもせず使っているというのです．1999 年にスモーリンとマイク・ラザリディスの尽力によってカナダのペリメータ理論物理研究所が設立されましたが，この研究所では超弦理論とならんで量子重力理論についても研究されています．

	超弦理論	ループ量子 重力理論
発　端	量子場の理論から発展	一般相対性理論から発展
到達目標	万物の理論の可能性	重力の量子理論，必ずしも万物の理論ではないかもしれない
必要事項	超対称性粒子	超対称粒子はない
	10 または 11 次元	4 次元（より高次元でもよい）
	連続的な時空	量子化された時空
検証可能性	スピン 2 のグラビトン粒子	ホワイトホール（ブラックホールが飲み込んだ物質を吐き出す時空）
	組成に依存する重力	ガンマ線バーストでの光速変動

13　量子物理学の未来　　199

200 コペンハーゲン解釈は正しいのか？

　コペンハーゲン解釈はほぼ1世紀の間，量子力学の主流の考え方でしたが，本当に正しいものとして受けとってよいでしょうか．ニールス・ボーアはもともと素粒子や原子は決定論にしたがうものと考えており，波動関数はそれを考えやすくするためのものでしかないと見なしていました．しかし，その考え方に立てば，標準的な量子力学の問題はとてもうまく解くことができたのです．二重スリットの干渉縞や電子の軌道を説明するのに，波動関数が物理的な実在なのか抽象的なものにすぎないのかにかかわらず，数学的にはうまくいくことがわかっています．

　しかし自然をより深く調べるには，疑ってかかるのも重要なことかもしれません．波動関数が実在の波なのか抽象的な波なのかは，無限に続く並行宇宙の存在にも関わっていますし，さらに量子重力理論を解き明かす秘密の鍵もそこにあるのかもしれません．量子物理学者によるこれから数十年間の挑戦は，どちらの考え方が正しいのかを決定することになるでしょう．その答によっては，自然の理解だけでなく，宇宙における私たちの立ち位置の理解も，全く異なったものになるかもしれないのです．

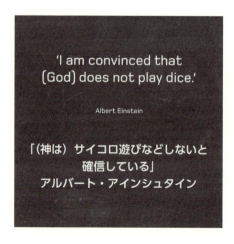

用 語 解 説

eV／電子ボルト　1 eV は 1 個の電子を 1 V の電圧で加速したときの運動エネルギーの大きさ．GeV（ギガ電子ボルト）は 10 億 eV，MeV（メガ電子ボルト）は 100 万 eV．

J／ジュール　エネルギーの単位．およそ 102 g の物体を 1 m 持ち上げるときのエネルギーまたは仕事の量に対応します．

nm／ナノメートル　1 nm は 10 億分の 1 m．

アルファ粒子／Alpha particle　アルファ崩壊で放出される粒子．2 個の陽子と 2 個の中性子で構成されます．実体はヘリウムの原子核です．

オービタル（軌道）／Orbital shell　原子核のまわりを運動する電子の存在領域．オービタルが大きいほど電子のエネルギーが高くなります．

科学的記数法／Scientific notation　本書では非常に大きい数や非常に小さい数を扱います．その場合の表示をより扱いやすくするために $a \times 10^b$（a かける 10 の b 乗）という形の科学的記数法を用います．たとえば，3×10^6 は 3,000,000 を表します．また $10^{-b} = 1/10^b$ ですから，3×10^{-6} は $3 \times (1/10^6) = 0.000003$ を表します．

角運動量／Angular momentum　回転する物体の性質で，回転の運動量．質点が運動量 p で半径 r の円運動をする場合，角運動量は $L = rp$ と書けます．

仮想粒子／Virtual particle　自発的に生成し，時間とエネルギーに関する不確定性原理のもとに極めて微小時間のみ存在する粒子．仮想粒子には，粒子と反粒子の対として生成されたり，基本的相互作用の伝達を担うゲージボソンとして作用するものなどがあります．

ガンマ線／Gamma radiation　原子核のアルファ崩壊やベータ崩壊にともなって放出される電磁波．

基本的な力／Fundamental force　物質粒子を支配する 4 種類の基本的な力は，電磁力，弱い力，強い力，それに重力です．これらの相互作用は 2 つのフェルミオンの間でゲージボソンが交換されて伝達されます．電磁力では光子，弱い力ではウィークボソン，強い力ではグルオンが交換されます．重力ではまだ未発見ですが，グラビトンが交換されるとされています．

クォーク／Quark　6 種類の「フレーバー」量子数で区別される素粒子で，物質のほとんどの質量になっています．

原子／Atom　物質の化学的性質を示す最小単位．原子は正電荷をもつ陽子と電荷をもたない中性子から構成される原子核を中心として，その周囲を運動する負の電荷をもつ電子の雲（オービタル）に囲まれます．電子の数と陽子の数は等しく，原子は電気的に中性です．

光子／Photon　電磁波のエネルギーが集中している波束．波動と粒子の二重性を示します．

磁気モーメント／Magnetic moment　磁石の強さとその向きを表すベクトル．磁場の中に置かれると偶力のモーメントを受けます．荷電粒子は軌道角運動量や

スピンに比例する磁気モーメントをもちます.

スピン / Spin　原子を構成する粒子や素粒子それぞれに固有の角運動量で, スピン角運動量ともよばれます. 軌道角運動量とスピン角運動量の和が全角運動量です.

スペクトル線 / Spectral lines　光などの電磁波を分光器に通して得られる強度分布に現れる輝線や暗線などの光の線. 原子などのオービタル軌道を運動する電子がエネルギー準位間で遷移するときに放出または吸収する光によります.

中性子 / Neutron　原子核を構成する電荷をもたない粒子. 1個のアップクォークと2個のダウンクォークから構成されます.

電子 / Electron　負の電荷を帯びた, 軽い素粒子です. 電子は原子核の周囲の雲状のオービタルという軌道を運動します.

電磁波 / Electromagnetic radiation　電気と磁気の波で, 互いに干渉し合い, 波長, 振動数またはエネルギーによって異なる性質を示します. エネルギーによってガンマ線, X線, 紫外線, 可視光, 赤外線, 電波などに分類されます. 電磁波は波動と粒子の二重性を示します.

ハイゼンベルクの不確定性原理 / Heisenberg's uncertainty principle　量子力学では, 粒子の位置と運動量など, 2つの相補的な量を, 同時にかつ正確に測定することが不可能であることを表す関係.

パウリの排他原理 / Pauli's exclusion principle　2個以上のフェルミオンが同一の状態を占有することを禁止する原理. 物質の構造において重要な基本原理です.

波動関数 / Wave function　系の量子状態を表す関数で, しばしば Ψ（プサイ）などのギリシャ文字で表示されます. 波動関数の絶対値の2乗は量子系がある状態をもつ確率あるいは確率密度を表します.

フェルミオン（フェルミ粒子）/ Fermion　半整数スピンをもつ粒子です. クォークとレプトンとよばれる素粒子はフェルミオンに含まれます. パウリの排他原理に従います.

複素数 / Complex number　-1 の平方根 i を導入した数の体系. i は実数としては存在しません. 複素数は, a, b を実数として $a+bi$ と表され, 量子物理学の多くの問題を解くのに必要です.

プランク定数 / Planck's constant　量子スケールを表す基本的な物理定数. 文字 h で表します. たとえば, 光子のエネルギー E と振動数 f の関係 $E=hf$ の比例定数 h です.

ベクトル / Vector　大きさと方向をもつ物理量. 多くの量子状態は, ベクトル量の値によって表されます.

ベータ粒子 / Beta particle　ベータ崩壊で放出される粒子で実体は電子または陽電子です. β^- 崩壊では中性子が陽子に変換して電子が放出され, それより稀な β^+ 崩壊では陽子が中性子に変換して陽電子が放出されます.

ボソン / Boson　ゼロ以上の整数スピンをもつ粒子です. ゲージボソンとして知られる素粒子は, 仮想粒子としてフェルミオン間の基本的な力を媒介します.

模型（モデル）/ Model　研究対象や現象を説明するために, 複雑で複合化した状況を単純化して, 問題を限定して考察するための, 物理的, 数学的, 論理的な

描像. たとえば, 「原子模型」については, J. J. トムソンの「干しブドウ入りプディング模型」, 「ラザフォードの原子模型」, 「ボーアの原子模型」などがあります.

陽子 / Proton　正の電荷をもつ粒子で, 中性子とともに原子核を構成します. 2個のアップクォークと1個のダウンクォークで構成されます.

量子 / Quantum　粒子の離散的性質を表す最小の単位. たとえば, 光や原子を構成する電子のエネルギーなどは, 本質的に最小の大きさに量子化されています. 量子物理学は, 量子に関する不思議な, 常識外れの振る舞いについての学問です.

量子物理学 / Quantum physics　本書では「量子物理学（Quantum physics）」と「量子論（Quantum theory）」を同義として用いていますが, 前者は量子の概念を基礎とした物理学という意味であり, 後者は「水素原子の量子論」「光の量子論」などのように量子の概念を用いたモデルを表すのに用いられることの多い用語だといえます. しかし「量子力学（Quantum mechanics）」も含め区別なく用いられる場合が多いようです.

レプトン / Lepton　電子やニュートリノなど, 強い相互作用の影響を受けない素粒子.

訳　注

[6]
電子などの電荷をもつ粒子の周囲の空間は電気的に特殊な状態になっていると考えられ, その状態を電場といいます. 同じように, 磁石の周囲の空間の磁気的な状態を磁場といいます.

[7]
第1式は $E = \dfrac{Q}{4\pi\varepsilon_0 r^2}$ という式に書きかえられ, r^2 に反比例します. 第1式と第2式は電場および磁場に関するガウスの法則とも言われます. 第3式はファラデーの電磁誘導の法則を表し, 第4式はアンペールの法則を表しています.

[8]
系または体系とは対象としての物理的な集合体で, 通常多数の物質粒子からなります. 外界と物質の出入りがないとき閉じた系と呼びます.

[10]
レイリー＝ジーンズの法則では, 波長 λ をもつ電磁波のエネルギー密度（強度）は $u(\lambda) = \dfrac{8\pi}{\lambda^4} kT$ の形で, 紫外の極限つまり波長 $\lambda \to 0$ のとき∞に発散します（紫外破綻）.

他方, ウィーンの式 $u(\lambda) = \dfrac{8\pi hc}{\lambda^5} e^{-\frac{hc}{\lambda kT}}$ （h, c, k は定数）は赤外線領域の波長では実験と合わないことがわかっていました. プランクの式は $u(\lambda) = \dfrac{8\pi hc}{\lambda^5} \dfrac{1}{e^{\frac{hc}{\lambda kT}} - 1}$ と書け, 長波長でレイリー＝ジーンズの式に, 短波長でウィーンの式に近づきます.

203

16

光子の運動量は $p=h/\lambda$, 粒子の場合は $p=mv$ なので, $\lambda=\dfrac{h}{mv}$ となります.

17

本文では回折格子実験を二重スリット実験に模して干渉縞の図が示されています．回折格子による干渉は次の図のように，原子で反射されたAとBの電子線の波動が干渉をします．反射波が入射波に対して角度 2θ 反射される場合を示しています．

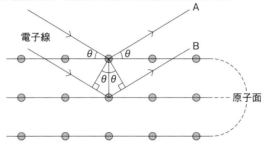

19

ボーアの原子模型でのエネルギー準位は，水素原子では主量子数 $n=1, 2, \cdots$ の2乗に反比例する式 $E_n=-\dfrac{me^4}{8\varepsilon_0^2 n^2 h^2}$ （m：電子の質量，e：電子の電荷，h：プランク定数，ε_0：真空の誘電率）で表されます．リュードベリ定数を $R=\dfrac{me^4}{8\varepsilon_0^2 ch^3}$ で定めると，$E_n=-hcR\left(\dfrac{1}{n^2}\right)$ と書けます（30参照）．

34

たとえば炭素原子Cの電子配置は $1s^2 2s^2 2p^2$ です．2p 副殻の電子はフントの規則（Ⅰ）によりスピンの向きが整列して（$S=1$），異なる m_l の軌道に2個が入るので，図のような配置になります．規則（Ⅱ）より $L=0, 1$ のうち基底状態は $L=1$ です．規則（Ⅲ）によれば，2p は半分（3個）以下の占有なので，基底状態の全角運動量量子数は $J=0, 1, 2$ のうち $J=0$ のとき $J\times(S+L)=0$ が最小．よって，最小エネルギーの項は $(S, L, J) = (1, 1, 0)$ です．

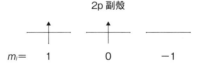

37

ライマン系列の輝線の波長を λ とすると，その逆数は $\dfrac{1}{\lambda}=R\left(\dfrac{1}{1^2}-\dfrac{1}{n^2}\right)$ $(n=2, 3, \cdots)$ と書けます．$R=1.096\times 10^7\,\mathrm{m}^{-1}$ はリュードベリ定数です．バルマー系列は $\dfrac{1}{\lambda}=R\left(\dfrac{1}{2^2}-\dfrac{1}{n^2}\right)$ $(n=3, 4, \cdots)$ です．

45

電荷をもつレプトンとそれに対応するニュートリノをまとめて世代といいます．レプトンもクォークと同じく3世代あることになります．

46

質量が大きい粒子は宇宙が高温の時代にも速さが小さく，これを「冷たい」と表現します．空気のような気体でも分子の速度が大きいときは高温ですが，小さいと低温となり「冷たい」ので，そのように表現することがあります．

55

セルン（CERN）は欧州原子核研究機構（フランス語で Conseil Européen pour la Recherche Nucléaire）．

79

ガンマ行列は 4 行 4 列の行列で，たとえば

$$\gamma^0 = \begin{pmatrix} 1 & 0 \\ 0 & -1 \end{pmatrix}, \quad \gamma^i = \begin{pmatrix} 0 & \sigma^i \\ -\sigma^i & 0 \end{pmatrix} \quad (i = 1, 2, 3)$$

ここで各成分は 2 行 2 列の行列 0，1 およびパウリ行列 σ^i で

$$0 = \begin{pmatrix} 0 & 0 \\ 0 & 0 \end{pmatrix}, \quad 1 = \begin{pmatrix} 1 & 0 \\ 0 & 1 \end{pmatrix}, \quad \sigma^1 = \begin{pmatrix} 0 & 1 \\ 1 & 0 \end{pmatrix}, \quad \sigma^2 = \begin{pmatrix} 0 & -i \\ i & 0 \end{pmatrix}, \quad \sigma^3 = \begin{pmatrix} 1 & 0 \\ 0 & -1 \end{pmatrix}$$

がよく用いられます．

92

他に重要な形式のシュレーディンガー方程式として時間に依存しない方程式があります．1 次元の場合 $\hat{H}\psi(x) = E\psi(x)$ のように書けます．E はエネルギーです．

164

結晶原子の最外殻電子はエネルギーを得て束縛（価電子帯）から離れ，自由電子として存在できます（伝導帯）．その間には電子が存在できない禁制帯があります．エネルギー的に，価電子帯＜禁制帯＜伝導帯の順に 3 つのエネルギーバンドがあります．禁制帯の大きさは，金属＜半導体＜絶縁体の順になっています．

168

誤ったフィルターを通すと，0 または 1 のデータがランダムに得られてしまいます．たとえば↔をフィルター⊠に通すと斜め矢印／と＼がランダムに得られます．

172

溶質が溶媒に溶解するとき，電離した溶質イオン（たとえば Na^+）のまわりを溶媒分子（たとえば H_2O 分子）が囲むことによって溶解，拡散がおきる現象を溶媒和（水の場合水和）といい，取り囲む溶媒分子の殻を溶媒和殻（水の場合水和殻）といいます．

訳　注　205

訳者による参考文献紹介

本書には参考文献が掲載されていませんので，いくつか紹介してみました．これらは訳者が参考にした文献でもあります．さらに深く学びたい人には，ぜひ手にとっていただきたいと思います．

量子物理学の基本的な参考書（1章，2章，3章，4章，5章）
・Arthur Beiser, "CONCEPTS OF MODERN PHYSICS", McGRAW-HILL, 1987（バイザー『現代物理学の基礎』佐藤猛他訳，好学社，1990）は量子力学や原子物理学などへの応用が丁寧に書かれた好著．本書は古く手に入りにくいため，これに代わるものは，たとえば
・原康夫『現代物理学』裳華房，1998
があります．量子力学の教科書としては
・小出昭一郎『量子力学 I・II』（新装版）裳華房，2011
など数式にもとづきますが，本文を拾い読みするのも楽しいです．

素粒子物理（3章）
標準模型と統一理論の考え方については
・フランク・ウィルチェック『物質のすべては光：現代物理学が明かす，力と質量の起源』吉田三知世訳，ハヤカワ・ノンフィクション文庫―数理を愉しむシリーズ，2012

量子物理と宇宙（6章）
観測にもとづく宇宙の知識は日々更新されています．比較的最新の知識の概要を知るには
・科学技術広報財団『宇宙図』（https://www.mext.go.jp/stw/common/pdf/series/diagram/uchuzu2024-ja_A3.pdf）
1980年代にインフレーション理論が提唱されるまでの概要については
・アラン・H・グース『なぜビッグバンは起こったか：インフレーション理論が解明した宇宙の起源』はやしはじめ・はやしまさる訳，早川書房，1999
これは，単に知識の解説だけではなく，研究現場の様子も描かれていて，楽しめる読み物です．

万物の理論（7章）

超弦理論も多くの解説書がありますが，余剰次元まで扱ったものとして

・リサ・ランドール『ワープする宇宙』向山信治監訳・塩原通緒訳，
　NHK 出版，2007

量子論や相対論の誕生から説き起こしています．

マルチバース（8章）

多世界解釈についてわかりやすいのは

・和田純夫『量子力学の多世界解釈：なぜあなたは無数に存在するの
　か』講談社ブルーバックス，2022

宇宙物理学者から見たマルチバースについては

・須藤靖『ものの大きさ 第2版：自然の階層・宇宙の階層』東大出版
　会，2021

天文学についても書かれていて，第6章の内容とも重なります．

不気味な宇宙（9章）

量子もつれの解説書はたくさんありますが，量子力学を少しでよいので
かじってみると，それが実に驚くべき内容を含むのだというのがよくわ
かります．きちんとした解説として

・筒井泉「ベル不等式：その物理的意義と近年の展開」日本物理学会
　誌，69 巻 836，2014

実用面への応用（10 章，11 章）

・佐藤健『入門 生化学』裳華房，2019
・巨瀬勝美『NMR イメージング』共立出版，2004
・永田親義『量子生物学入門』学会出版センター，1986
・岩波講座『物理の世界』には橋詰富弘・一杉太郎『〈ものを見る，と
　らえる1〉走査トンネル顕微鏡技術』（2011）など分冊のかたちで多
　くの話題が取り上げられています．

量子コンピューティング（12 章）

現代的なものはたくさんありますが，この分野の進展のスピードはもの
すごいので，どの解説もすぐに時代遅れになってしまいます．ここはあ
えて古典をあげると

・A. ヘイ・R. アレン編『ファインマン計算機科学』原康夫・中山健・
　松田和典訳，岩波書店（オンデマンド出版）

訳者による参考文献紹介　　207

訳者あとがき

　本書は 13 章からなります．1 章と 2 章は主に前期量子論，3 章，4 章，5 章はシュレーディンガーの波動方程式，ディラック方程式をはじめ量子力学の確立までを扱っています．7 章は素粒子と相互作用の知見と最先端の量子論が紹介されています．6 章，8 章，9 章は宇宙論とそれに関係する量子力学について最新の情報を含めて解説されています．量子物理学の応用として，10 章は実用への応用，11 章は生物学，12 章は量子コンピュータへの応用が記されています．最後の 13 章は全体のまとめとして量子物理学の展望についてです．

　本書の原著者ジェマ・ラベンダー氏はイギリスの天文学者で，天文学・宇宙科学の専門誌 All About Space の編集者，著者としても知られ，また王立天文学会の会員に選ばれています．

　解説されている分野は量子物理学の基本から発展全般です．また応用分野としても電子工学，医学，電気通信，化学，生物学そして宇宙論，量子コンピュータと数多くの分野をカバーしています．したがって，一人の著者で執筆するのには，専門外の知識をもって当たる必要があるわけで，多くの困難をともなったことは当然だったはずです．そのため，原著には大小の内容の誤り，参照誤り，数値のミス，などがあり，原著者も訂正しきれなかった点があったであろうと容易に推測できます．翻訳にあたり，そのような箇所は可能な限り修正しました．

　訳者のうち，素粒子論，場の理論が専門である伊藤は，本書の特徴でもある発展的内容，先端的な量子物理学のトピックスを担当し，原子核物理学が専門の日野は前期量子論から量子物理学の確立と量子力学の実用的な応用の範囲を担当しました．それぞれの担当部分の翻訳原稿は二人で相互チェックをしたつもりですが，翻訳とその確認作業に不完全な箇所があるとすれば，その責任は訳者にあります．

　担当項目は伊藤：41-46，55-60，65-67，103-159，182-200，日野：1-40，47-54，61-64，68-102，160-181です．

　本書の翻訳にあたって，丸善出版 企画・編集部第三部長小林秀一郎氏

からご提案をいただき，同氏には翻訳作業の設定をはじめご尽力いただきました．同氏ならびに関係していただいた皆様には記して深謝いたします．

2025 年 3 月

訳者　伊藤郁夫，日野雅之

索　引

●英字
AdS/CFT 対応　138, 196
ATP　177
CMBR　106, 195
$E=mc^2$　22, 77, 105
EPR パラドックス　150, 151
eV（電子ボルト）　201
GUT　119
J（ジュール）　201
LED　166, 171
LHC　55, 56, 80
LQG　130, 139
M理論　135
MRI　84, 163
nm（ナノメートル）　201
pn 接合　166
QCD　44, 127
QED　126
QFT　124
USB メモリー　165
Wボソン　42, 53, 57, 60, 65, 98, 128
WIMPs　46
X線連星　117
Zボソン　53, 57, 60, 65, 128

●あ行
アインシュタイン　11, 13, 21-23, 54, 70, 77, 100, 105, 123, 129, 149-152, 154
　　——の光子理論　14
アップクォーク　60
アルゴリズム　188
　　グローバーの——　188
　　ショーアの——　188, 191
アルファ崩壊　61, 62, 81
アルファ粒子　18, 62, 73, 201
泡　110, 120
イオン　173
一般相対性理論　21, 100, 104, 123, 129, 138
因果的接触　109
因果律　78, 152, 158
陰極線現象　12
インフレーション　109, 110, 120, 133, 137, 197
　　——マルチバース　110, 142
ウィグナー　179

ウィーンの近似式　10
渦巻星雲　111
宇宙　103, 108, 121
　　——定数　113, 138
　　——の運命　121
　　——の地平線問題　108, 109, 197
　　——膨張　105, 106, 108-114, 138
　　初期——　195
宇宙マイクロ波背景放射　106, 107, 195
運動量保存則　38
永久インフレーション　110, 122, 141, 142, 147
エヴェレット　140, 143
液体ヘリウム　172
エーテル　2, 5
エネルギーギャップ　166, 173
エネルギー準位　19, 25, 28-30, 36, 40, 54, 76, 79, 96, 102
　　——の計算　30
　　——の縮退　33
エネルギーバリア　175
エネルギー保存則　38
エレクトロニクス　164
演算子　94-96, 99, 124
エントロピー　8, 157
大型ハドロン衝突型加速器　55, 56, 80, 190
オービタル（軌道）　20, 201

●か行
ガイガー　18
カイラリティ　49, 60
化学　174
化学結合　174
科学的記数法　201
角運動量　28, 34, 35, 40, 48, 50, 51, 66, 201
核融合　81, 82, 115
確率　69, 71
確率密度　69, 71
確率論　153
隠れた変数　151
重ね合わせ　74, 86, 87, 150, 183, 185
可視光　17, 162
カシミア効果　65
仮想粒子　65, 67, 128, 201

加速膨張宇宙　112, 114
価電子　27, 58, 176
荷電粒子　50
ガーマー　17
カラビ　136
カラビ＝ヤウ空間　136
カラビ＝ヤウ多様体　136
観測者　143, 193
ガンマ線　64, 67, 201
ガンマ崩壊　61, 64
輝線　37
基底状態　31, 161
軌道角運動量　34, 48, 50, 66
基本的な力　201
逆向きの時間　158
客観的収縮理論　194
究極条件　198
キュリー　23
行列　90
行列力学　91, 94
局所性　152
巨大ガス惑星　198
キラリティ　→カイラリティ
銀河団　105
銀河の誕生　107
禁制遷移　39
クインテッセンス　113
クェーサー　197
クォーク　26, 42-44, 47, 52, 59, 63, 127,
　201
クォーク・グルオン・プラズマ　56, 198
クォーク星　116
クォーク物質　116
グース　109
クーパー対　173
クライン　78
クライン＝ゴルドン方程式　78, 79
グラショウ　128
グラビトン　131
クロロフィル　177
クーロン障壁　62, 81, 82
クーロン力　81
経路積分　97
ゲージ対称性　125, 128
ゲージ場　125, 129
ゲージボソン　41, 53, 58, 98, 128
結合エネルギー　61
決定論　153
ゲルマン　43

原子　41, 52, 201
原子価殻　27
原子核　26, 27, 51, 59
原子価結合法　174
原子構造　26
原子時計　167
原子模型　18, 19
光学顕微鏡　17, 162
光合成　177
光子　14, 19, 29, 31, 54, 65, 98, 106,
　161, 201
高次元の超空間　137
高次元理論　135
高周波ラジオ波　163
高精細 LED　171
高精度ジャイロスコープ　172
光速　22, 154, 197
光電効果　13-15, 64
黒体　9, 10
　──放射　11, 14
古典物理学　153
古典放射則　10
古典論　101
コヒーレント　161
コペンハーゲン解釈　24, 69, 70, 75, 86,
　87, 140, 145, 146, 149, 150, 194, 200
固有関数　99
固有値　99
ゴルドン　78
コントロールゲート　165
コンピュータ　182-191
コンフォーマル理論　138
コンプトン　15, 23
コンプトン散乱　15
●さ行
さいころ遊び　149
作用関数　97
サラム　128
磁気共鳴画像　84, 163
磁気受容感覚　180
磁気双極子モーメント　50
磁気モーメント　40, 48, 50, 201
磁気量子数　28
事象の地平線　117
質量とエネルギーの等価性（等価式）
　22, 77, 105
磁場　6, 7, 50
収縮　69, 86, 193
重力　21, 46, 115, 117, 121, 123, 129

索　　引　　211

縮退　33
縮退圧　35, 115, 116
シュタインハルト　147
シュレーディンガー　20, 23, 24, 86, 87
　　──の猫　86, 144-146, 183
　　──の猫の検証　87
　　──の（波動）方程式　75, 78, 91, 92,
　94, 96, 99, 102, 174, 194
　　──表示　94
準安定　64
情報　196
消滅演算子　124
初期宇宙　195
シリコンチップ　164
真空のエネルギー　67, 113
真空の崩壊　120
水素原子　29, 33, 37
数学　89
スーパーカミオカンデ　119
スピン　34, 48, 52, 151, 163, 202
　　──角運動量　40, 48, 50
　　──軌道相互作用　51
　　──磁気モーメント　51
　　──磁気量子数　28
　　──ネットワーク　130
　　──フォーム（泡）　130
　　──量子数　28
スペクトル線　40, 202
スペクトルの解析　30
スミス　13
スモーリン　130, 199
ゼー　85
静磁場　163
生成演算子　124
生物コンパス　176
生命体　175
赤外レーザー光　167
赤方偏移　111
摂動論　102
ゼーマン　40
ゼーマン効果　40
　　異常──　40
遷移の選択則　39
全角運動量　34, 40
漸近的自由　127
双極子　50
走査型トンネル顕微鏡　162
相対性理論　21
相転移　133

相補性　68, 88
素粒子　41, 42, 47, 52, 131, 132, 142
素粒子物理学　41-67
ソルベー会議　23
●た行
対応原理　100, 101
ダイオード　164, 166
対称性　125, 133
　　──の破れ　133
大統一理論　119, 123, 132
太陽光　25, 36
　　──パネル　171
タウ粒子　45
ダウンクォーク　43, 60
ダークエネルギー　46, 112, 113, 121,
　122, 138
ダークマター　42, 46
多世界解釈　24, 69, 140, 144-146, 194
多世界マルチバース　144
多電子原子　30
地球磁場　176
地磁気　176
中性子　26, 42, 47, 63, 202
中性子星　115, 116, 190, 198
チュロック　147
超弦理論　131, 137, 139, 199
超新星　114
　　──爆発　114
超対称性　134, 136
　　──パートナー　134, 139
超伝導　173
超微細構造　51, 167
超流動　54, 172
超力　132
調和振動子　33, 76, 102
チラコイド　177
対消滅　80, 124
対生成　124
強い力　44, 53, 59, 123, 132
デイヴィソン　17
ディラック　23, 24, 79, 80, 94, 97
　　──方程式　66, 79, 80
デカルト　2
テグマーク　141, 142, 144, 180
デコヒーレンス　68, 85, 155, 185, 186,
　189, 193
デルタ粒子　127
テレポーテーション　155, 156
　　──の実験　156

量子—— 155
電荷 47, 125
電気通信 169
電気抵抗 173
電子 12-20, 29, 31, 47, 50, 51, 60, 65,
106, 150, 202
——のエネルギー準位 29
——の発見 12
電子回折 17, 97
電子殻 27, 28, 32, 34, 35
電磁気学 6, 7
電磁気力 58, 124, 126, 128
電子顕微鏡 17, 162
電磁相互作用 124
電磁波 6, 7, 9, 202
電磁場 66, 124
電弱理論 128
電磁誘導 6
電子陽電子対 67
統合された客観収縮理論 179
特異点 117
特殊相対性理論 21, 77, 78
閉じ込め 127
ドジッター 138
——空間 138
ド・ブロイ 16, 23
ド・ブロイ波長 16, 17
トムソン, J. J. 12, 18
トムソン, ジョージ 17
トランジスター 164, 165
トンネル効果 62, 71, 81, 82, 162, 165
トンネル電流 162
●な行
二重スリット実験 4, 101
偽の真空 110, 120
ニュートリノ 45-47, 60
ニュートン 2, 3
人間原理 148
熱力学 8
——の第1法則 8, 38
——の第2法則 8
——の第3法則 8
脳のニューロン 175
ノード 175
●は行
ハイゼンベルク 20, 23, 24, 83, 91
——の不確定性原理 67, 83, 84, 88,
149, 202
——表示 94

パイ中間子 59
ハイトラー 174
パウリ 23, 35
——の排他原理 35, 44, 52, 115, 116,
127, 171, 202
白色矮星 114, 115
発光ダイオード 166
ハッブル 111
——の法則 111
バーテックス 98, 126
波動関数 49, 69, 72-74, 76, 85, 93, 99,
102, 143, 145, 149, 154, 192-194, 200,
202
収縮しない—— 143
波動性 88, 158
波動方程式 74, 75, 78, 79, 91, 92, 94, 96
波動力学 92
波動 68
波動・粒子の二重性 16-18, 20, 68, 70,
91, 97
バートルマン 152
ハドロン 43, 44
ハミルトニアン（演算子） 95, 96, 99
ハミルトン 96
バリオン 44, 59, 127
パリティ 49
——対称性 60
バルク 137
パルサー 115
バルマー系列 37
反クォーク 44
半導体 164, 166, 171
半導体結晶 166
反ドジッター空間 138
反フェルミオン 49
反物質 79, 80
万物の理論 123, 134, 138, 148
反粒子 80
光 2-4, 154, 197
——の屈折 3
——の二重スリット実験 3, 4, 158
——の粒子説 3, 4
——は波なのか 2
——は粒子なのか 3
光ファイバー 169
非局所性 152
微細構造 51, 66, 197
微小管 179
ビッグクランチ 121, 122, 147

索　引　213

ビッグチル　121
ビッグリップ　121
ヒッグス　57
ヒッグス場　57, 128
ヒッグスボソン　56, 57
ビッグバン　104-107, 121, 122, 129,
　142, 147
　――前史　122
　――理論　112
ひもの方程式　199
標準模型　41, 42, 47, 56, 58, 59, 80, 125
ヒルベルト　93
ヒルベルト空間　93, 94
ファインマン　89, 97, 98, 126
　――・ダイアグラム　98, 126
ファラデー　6
ファン・デル・ワールス力　58
フェルミ　52
フェルミオン（フェルミ粒子）　49, 52,
　60, 134, 202
フェルミ＝ディラック統計　52
不確定性　68
不確定性原理　67, 83, 84, 88, 140
不気味な遠隔作用　150
複合集積回路　164
複合分子構造　174
複素数　202
副電子殻　32, 35
フック　3
物理定数　148
物質　198
フラウンホーファー　36
　――線　36
ブラックホール　117, 118, 123, 129, 196
　――の情報消失問題　118
フラッシュメモリー　165
プラズマ　106
プランク　9-11, 23
プランク衛星　195
プランク期　132
プランク長　129, 130
プランク定数　11, 16, 202
ブレーン理論　137, 147
ブレーンワールド　137
フローティングゲート　165
分光学　25
フント　34
　――の規則　34
並行宇宙　140-145

ベクトル　202
ベータ崩壊　60, 61, 63
ベータ粒子　202
ヘリウム　25, 26, 53, 54, 63
ベル　151
　――不等式　151
変換理論　94
ペンローズ　179
ボーア　1, 19, 23, 24, 26, 86, 100, 179,
　200
　――（の原子）模型　19, 66
ホイヘンス　2
ホイーラー　193
方位量子数　28, 32
放射性炭素年代測定法　170
放射性崩壊　61, 62
放射年代測定　170
放射能　61, 170
膨張する宇宙　111
ホーキング　118, 196
　――放射　118, 196
星の最期　114
ボース　53, 54
ボース＝アインシュタイン凝縮　54
ボース＝アインシュタイン統計　53, 54
ボソン（ボース粒子）　53, 134, 172, 173,
　202
ホッセンフェルダー　181
ポドルスキー　150
ボルツマン　159
　――の脳　159
ボルン　72, 91
　――の規則　72
ホログラフィック原理　138
●ま行
マイクロエレクトロニクス　164
マイクロチップ製造　162
マイクロ波　106, 167, 169
マイケルソン＝モーリーの実験　5
マイスナー効果　173
マクスウェル　6, 7
マクスウェルの方程式　7
マースデン　18
マルダセナ　138
マルチバース　110, 141, 142, 144, 159
　多世界――　144
ミュー粒子　45
ミリカン　13
眼　178

メモリーセル　165
木星　198
模型（モデル）　202
●や行
ヤウ　136
ヤコブソン　130
破れた対称性　134
ヤング　4-6
　　──のスリット実験　4,70
陽子　26,42,47,203
陽子崩壊　119
陽子陽子連鎖反応　82
陽電子　47,63,150
余剰次元　135
弱い力　53,60,123,128,132
●ら行
ライマン　37
　　──・アルファ　37
　　──・ベータ　37
ラザフォード　18,26
　　──の原子模型　18
ラザリディス　199
ラジカルペア機構　176
ラム　66
ラムシフト　66
粒子　41,47,68,80,83,98
粒子加速器　55,190
粒子性　3,15,70,88,158
量子　11,203
量子アニーリング　184,191
量子泡　67
量子誤り訂正　189
量子アルゴリズム　188,191
量子暗号　168
　　──システム　168,169
量子意識　179
　　──への反論　180
量子色力学　44,127
量子渦　172
量子演算子　95
量子化　1
量子回路　187
量子化学　174
量子計算　182,183
量子ゲート　184,187
量子コンピュータ　85,168,182,
　184-190,191
　　──の構築　191
　　──の種類　184

量子視覚　178
量子時間　157
量子シミュレーション　190
量子重力理論　129,130-132,199,200
量子状態　73,74,143
量子数　27,28
量子生物学　175
量子通信　85
量子的確率　71
量子デコヒーレンス　85
量子テレポーテーション　155,156
量子電磁力学　66,126
量子ドット　171,186
量子トンネル効果　82,84,175
量子場の理論　66,124,125,127,131,
　196
量子ビット　183,185,188,189,191
　　──の制御　186
量子複製不可能定理　189
量子不死　144,145
量子物理学　1,23,72,73,83,89,153,
　160,177,203
量子もつれ　143,150-157
量子ゆらぎ　104,105,107,109,159
量子力学　20,75,89,93,95,100,101,
　123,140,160,176,192,200,203
　　──における原子　20
　　──の応用　160
量子論　9,101,129,143,192
量子論理ゲート　187
臨界密度　122
ループ量子重力　130,131,139,199
励起エネルギー　177
励起状態　31,37,64,161
レイリー＝ジーンズの法則　10
レーザー　161,169
　　──冷却　167
レチナール　178
レプトン　45,203
連続スペクトル　36
ロイド　157
ローゼン　150
ロッキャー　25
ロンドン　174
論理回路　164
論理ゲート　187
●わ行
ワインバーグ　128

索　　引　　215

図版クレジット

ii: general-fmv via Shutterstock, Inc.; [2]: Fouad A. Saad via Shutterstock, Inc.; [3]: Mopic via Shutterstock, Inc.; [6]: Fouad A. Saad via Shutterstock, Inc.; [32]: Patricia.fidi via Wikimedia; [36]: N. A. Sharp, NOAO/NSO/Kitt Peak FTS/AURA/NSF; [37]: ESO/H. Drass et al.; [39]: NASA; [41]: CERN/BEBC; [46]: ESA/Hubble & NASA; [51]: Johnwalton via Wikimedia; [54]: Courtesy National Institute of Standards and Technology; [56]: Julian Herzog via Wikimedia; [57]: CERN for the ATLAS and CMS Collaborations; [58]: FurryScaly/Flickr; [66]: Hermann Haken Hans Christophe Wolf; [68]: BenBritton via Wikimedia; [73]: PoorLeno via Wikimedia; [76]: Alexander Sakhatovsky via Shutterstock, Inc.; [77]: NASA; [87]: Rhoeo via Shutterstock, Inc.; [91]: GFHund via Wikimedia; [92]: Jorge Stolfi via Wikimedia; [97]: Matt McIrvin via Wikimedia; [102]: Michael Courtney via Wikimedia; [103]: NASA, ESA, S. Beckwith (STScI) and the HUDF Team; [105]: GiroScience via Shutterstock, Inc.; [106]: NASA/WMAP Science Team; [107]: Max Planck Institute for Astrophysics/Springel et al., 2005; [110]: Juergen Faelchle via Shutterstock, Inc.; [119]: NASA/CXC/SAO/F. Seward et al.; [120]: Vadim Sadovski via Shutterstock, Inc.; [122]: Mikkel Juul Jensen/Science Photo Library; [124]: Tenth Seal via Shutterstock, Inc.; [128]: CMS/CERN; [129]: Markus Gann via Shutterstock, Inc.; [131]: DrHitch via Shutterstock, Inc.; [133]: r.classen via Shutterstock, Inc.; [136]: Lunch via Wikimedia; [138]: Fritz Goro/Contributor/Getty Images; [140]: Detlev van Ravenswaay/Science Photo Library; [142]: Henning Dalhoff/Science Photo Library; [144]: Rhoeo via Shutterstock, Inc.; [145]: ktsdesign via Shutterstock, Inc.; [146]: Victor Habbick via Shutterstock, Inc.; [147]: Nicolle R. Fuller/Science Photo Library; [149]: Mega Pixel via Shutterstock, Inc.; [153]: PHOTOCREO Michal Bednarek via Shutterstock, Inc.; [156]: Volker Steger/Science Photo Library; [157]: Svetlana Lukienko via Shutterstock, Inc.; [159]: Johan Swanepoel via Shutterstock, Inc.; [160]: ORNL/Jill Hemman; [161]: Designua via Shutterstock, Inc.; [164]: Robert Lucian Crusitu via Shutterstock, Inc.; [167]: ESA-J. Huart; [169]: Sebastian Kaulitzki via Shutterstock, Inc.; [174]: Simen Reine-UIO; [175]: Andrii Vodolazhskyi via Shutterstock, Inc.; [176]: FotoRequest via Shutterstock, Inc.; [177]: Smit via Shutterstock, Inc.; [178]: Roland Deschain via Wikimedia; [179]: Alila Medical Media via Shutterstock, Inc.; [180]: AkeSak via Shutterstock, Inc.; [182]: Mopic via Shutterstock, Inc.; [186]: Hweimer via Wikimedia; [190]: general-fmv via Shutterstock, Inc.; [191]: D-Wave Systems, Inc. via Wikimedia; [192]: Fomanu via Wikimedia; [193]: Aleksandar Mijatovic via Shutterstock, Inc.; [195]: ESA-AOES Medialab; [196]: Martin Hoscik via Shutterstock, Inc.; [197]: NASA/ESA, ESO, Frederic Courbin (Ecole Polytechnique Federale de Lausanne, Switzerland) & Pierre Magain (Universite de Liege, Belgium); [198]: NASA/JPL/Space Science Institute.
All other illustrations by Tim Brown.

［原著者］
ジェマ・ラベンダー（Gemma Lavender）
サイエンスライター＆エディター，欧州宇宙機関勤務．英国
科学雑誌のライター，エディターとしても活躍．量子物理
学，天文学，天体物理学に関する著作が多数ある．

見てわかる
量子論入門ショートストーリー 200

令和 7 年 4 月 30 日　発　行

| 訳　者 | 伊　藤　郁　夫 |
| | 日　野　雅　之 |

発 行 者　池　田　和　博

発 行 所　丸善出版株式会社

〒101-0051　東京都千代田区神田神保町二丁目17番
編集：電話(03)3512-3264／FAX(03)3512-3272
営業：電話(03)3512-3256／FAX(03)3512-3270
https://www.maruzen-publishing.co.jp

© Ikuo Ito, Masayuki Hino, 2025

組版印刷・創栄図書印刷株式会社／製本・株式会社 松岳社

ISBN 978-4-621-31127-1　C 0042　　　　Printed in Japan

本書の無断複写は著作権法上での例外を除き禁じられています．